设施水产养殖
水质综合评价与预警方法

马真　高磊　宋协法　著

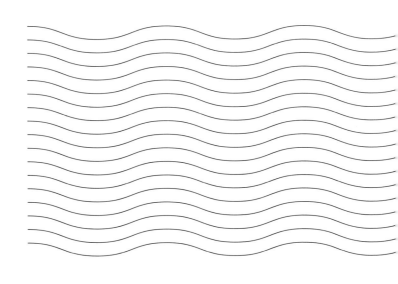

化学工业出版社

·北京·

内 容 简 介

本书综合了水产养殖学、水化学、数理统计和神经网络等现代技术方法，在充分考虑多影响因子共同作用的基础上，实现了水质的综合评价、预测和预警，并对模型参数进行实例化，有效提高了模型的适用性和科学性。通过决策支持系统与水质科学管理知识的集成，在实现水质监测管理结果可视化的基础上，为养殖管理者提供快速、有效的决策支持。本书共分为七章，包括设施养殖发展及现状、设施养殖水质评价及预警综述、设施养殖水质特征识别与分析、设施养殖水质评价模型、预测模型、预警模型和决策支持系统的建立等内容。

本书可作为环境科学、水产和渔业研究等相关领域研究人员辅助资料，也可作为设施养殖工作者和相关科技工作者的参考书。

图书在版编目（CIP）数据

设施水产养殖水质综合评价与预警方法/马真，高磊，宋协法著. —北京：化学工业出版社，2022.5

ISBN 978-7-122-40763-4

Ⅰ. ①设⋯ Ⅱ. ①马⋯ ②高⋯ ③宋⋯ Ⅲ. ①水产养殖–水质管理 Ⅳ. ①S96

中国版本图书馆 CIP 数据核字（2022）第 021271 号

责任编辑：李建丽　　　　　　　　　　　　装帧设计：李子姮
责任校对：王　静

出版发行：化学工业出版社（北京市东城区青年湖南街 13 号　邮政编码 100011）
印　　装：中煤（北京）印务有限公司
710mm×1000mm　1/16　印张 9½　字数 210 千字　2022 年 6 月北京第 1 版第 1 次印刷

购书咨询：010-64518888　　　　　　　　　售后服务：010-64518899
网　　址：http://www.cip.com.cn
凡购买本书，如有缺损质量问题，本社销售中心负责调换。

定　　价：98.00 元　　　　　　　　　　　　　　　　版权所有　违者必究

前言

我国是世界上唯一养殖产量超过捕捞量的国家，设施水产养殖作为水产养殖业发展最为迅速的领域，在节约水土资源、提高劳动生产率和提升水产养殖业综合效益等方面发挥了重要的作用。但不可否认的是，设施水产养殖在带来巨大经济效益的同时，也给自身的可持续发展和生态环境带来了严峻的挑战，面临着新常态形势下"转方式、调结构"的发展机遇与挑战。

养鱼先养水，养殖过程中的水质直接决定养殖的成败，水质恶化是导致养殖对象质量下降、疾病暴发甚至大批量死亡的首要因素。但目前设施养殖过程中的水质管理处于一种相对滞后和被动的局面，发现水质状况恶化时往往为时已晚，所以必须改变传统的管理方式，实现水质的实时监测、现状评价、趋势预测和及时预警，才能实现真正意义上的水质管理和设施养殖智能化发展。

基于设施养殖理论研究和应用现状的必要性和迫切性，作者提出了设施水产养殖水质评价与预测方法的研究课题。本书为该课题研究成果，分为以下7章：第1章阐明了本研究的选题依据，指出水产设施养殖水质评价与预警的重要性和必要性；第2章介绍了设施养殖系统的结构和水质处理流程，并对近二十年来的相关研究进行了概述；第3章采用多元逐步回归模型对水质的变化特征进行了分析；第4章建立了设施养殖水质综合评价模型；第5章建立了设施养殖水质人工神经网络预测模型，并通过仿真实验对模型进行验证；第6章建立了设施养殖水质预警模型；第7章构建了设施养殖水质管理决策支持系统。在本专著的编写过程中，马真和宋协法共同编写了第一章；高磊和马真共同完成了第二章到第七章的内容撰写。

该课题综合了水产养殖学、水化学、数理统计和神经网络等现代技术方法，充分考虑了多影响因子共同作用，实现了水质的综合评价、预测和预警，并对模型参数进行实例化，有效提高了模型的适用性和科学性。通过决策支持系统与水质科学管理知识的集成，在实现水质监测管理结果可视化的基础上，为养殖管理者提供快速、有效的决策支持。

本专著的研究工作是在我与高磊副教授和宋协法教授的共同努力下完成的。从2007年进入设施养殖领域开始，我们从内心热爱这个行业，我们一起承担了国家科技支撑计划，测定水质、建立了各种水质模型，在此过程中凝结了深厚的师生情、兄弟情和朋友情。产业的需求和行业的发展使我对这个领域充满了热情和求知欲，从最早的懵懂到现在的不断完善，从枯燥的学习公式到现在能够服务产业，从一纸文凭到成为自己谋生的技能，设施养殖给予了我太多。十五年来，认识了很多志同道合的战友，遇到了很多诲人不倦的老师。一路上，得到了太多人的帮助，感谢家人对我的支持和照顾，感谢高筱念小朋友来到我身边，感谢中国海洋大学的培养，感谢指导过我的各位老师，感谢实验室各位师兄、师弟、师妹的关心，感谢帮助过我的各位前辈和同行。

感谢设施渔业教育部重点实验室、国家科技支撑计划（2007BAD43B06）的资助。感谢刘鹰教授对本书的大力支持，从学生时代做您的学生，到工作之后做您的同事，您的人格魅力和学术造诣，深深地吸引着我，让我时刻提醒自己，做一名真正的老师应该具备什么。最后，感谢本书出版过程中提供帮助的各位朋友，感谢有你，感恩遇见。

马真
2022 年 1 月

目录

第4章
设施养殖水质评价
模型

第5章
设施养殖水质预测模型

第6章
设施养殖水质预警模型

第7章
设施养殖水质管理
决策支持系统的
构建与应用

第1章

绪论

1.1 设施水产养殖水质研究背景

水产养殖业在中国已有数千年的历史，公元前475年范蠡的《养鱼经》被认为是第一部关于水产养殖的专著。我国是世界上唯一养殖产量超过捕捞产量的国家，根据《2019年中国渔业统计年鉴》，我国2018年养殖产品与捕捞产品（不含苗种）的产值比例为77.8：22.2，养殖产值远超捕捞产值。在现代科技的支持下，水产养殖业作为农业的重要组成部分，对改善人们的饮食结构及提高人们的生活水平具有重大意义，在促进国民经济快速发展的过程中发挥着关键作用。

由于技术和管理问题，传统的养殖模式存在环境的掠夺性开发、易受病毒的侵害、养殖水环境恶化以及从业者养殖操作技术有限等问题。在可持续发展和环境清洁的双重压力下，设施养殖模式实现了对环境的改造和控制，现已成为世界上最主要的养殖方式之一，目前设施养殖的主要形式有围隔养殖、高位池养殖、室内工厂化养殖、循环水养殖及网箱养殖等多种模式，均取得了良好的经济效益和生态效益。

养鱼先养水，水质环境是影响养殖成败的决定性因素。随着设施养殖技术的发展，水产养殖模式逐渐从粗放式养殖或低密度低水平养殖模式，逐渐向科学化、规模化、机械化的设施养殖模式转变。虽然我国是世界水产养殖大国，但水产设施水养殖环境监控技术与智能决策手段相对落后，设施养殖水质智能管理仍然薄弱。设施养殖水环境管理和决策的主要难点在于，水产设施养殖的小气候环境存在着多变化、非线性和多变量耦合等特点，各水环境参数相互影响，作用机理复杂，并且养殖者的生产活动和气候条件等也会对设施养殖的水质产生影响，因此在设施养殖水环境的综合管理和预判精准度方面的难度较大。

目前我国的设施海水养殖过程中，仅限于被动的对水质进行处理，并没有一套系统的水质评价和预测、预警系统。一方面，高强度的换水给水资源造成了浪费，另一方面，由于换水不及时引起的养殖对象大规模死亡现象时有发生。因此，为使养殖水质保持在适合养殖对象生长的适度状态，充分发挥设施养殖的优势，亟须利用先进的技术手段和方法，深入挖掘水产设施养殖环境参数的变化规律，探索适宜的水产设施养殖水环境判别方法，在设施养殖过程中建立包括综合评价、趋势预测和实时预警在内的养殖水质科学管理系统，是解决疾病发生、保证养殖产品质量和促进水产设施养殖产业可持续发展的有效手段。

1.2　设施水产养殖水质研究技术路线

（1）通过设施养殖基础知识的收集和水质数据的监测，确定养殖对象设施养殖的基本情况，确定采样时间、采样点布设、采样指标及方法、分析方法等；

（2）将多元统计分析方法，如主成分分析法、因子分析法等引入设施养殖水质评价当中，选择水质综合评价值作为水质评价的量化值，对水质进行综合评价，建立设施养殖水质评价模型；

（3）建立基于 BP 神经网络的水质预测模型，通过反复训练，得到 BP 神经网络的最佳结构，并通过实际水质数据结果对模型进行验证，建立设施养殖水质预测模型；

（4）在（2）和（3）的基础上，建立设施养殖水质预警模型；

（5）在上述内容基础上，建立养殖水质智能决策支持系统（图 1-1）。

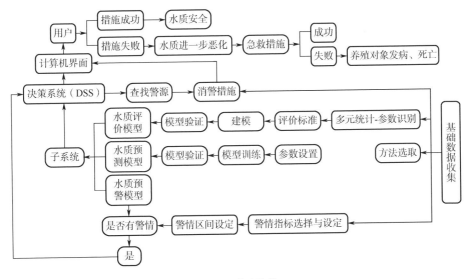

图 1-1　技术路线

1.3　设施水产养殖水质研究创新点

尽管有很多学者已经在水质管理及对策方面开展了许多富有成效的研究，但主要集中在对河流、湖泊水质污染的研究上，针对海水设施养殖水质开展的研究较少。为此，本团队以凡纳滨对虾设施养殖水质为研究对象，研究了设施养殖水质评价、预测和预警模型，对养殖水质的科学管理进行了系统的研究，这是团队从研究视角方面的创新。另外，决策支持系统的设计和建立将水质模型程序化，实现了模型及水质知识的集成，并且能将结果直观表示，解决了以往水质模型在结果显示上存在困难的问题，也是本研究的创新之处。

1.4 设施水产养殖水质研究的目的和意义

通过现场监测、物化分析、模型建立和数值模拟等各种方法分析水质变化现象及规律，进而寻找水体自然改善和人工调控的途径，是水质管理研究的重点内容。掌握设施养殖过程中的水质变化和主要污染参数是水质管理的前提。通过对整个对虾养殖周期进行连续监测，在对实测数据进行科学分析的基础上，建立凡纳滨对虾设施养殖水质评价、预测和预警模型，并在此基础上构建凡纳滨对虾设施养殖水质管理各子系统，实现凡纳滨对虾设施养殖水质的综合评价、趋势预测和实时预警。通过引入决策支持系统（DSS），将凡纳滨对虾设施养殖水质管理系统程序化，同时研究确定凡纳滨对虾设施养殖水质调控方案，实现了水质评价、预测和预警与水质科学管理技术的集成，使水质监测管理结果可视化，从而为养殖管理者提供快速、有效的决策支持。

设施养殖中的水质状况，直接关系到养殖生物的生长及养殖的成败，通过对水质进行综合准确的评价和预测，能够对水质状况做出及时合理的判断，既能实现水资源的合理利用，又能避免由水质恶化引起的疾病暴发等问题，降低了养殖成本，提高了经济效益。快速预警系统的建立能够及早对恶化的水质发出警报，通过采取相应措施使水质进入良性状态，防止水质进一步恶化可能带来的不必要的经济损失，为养殖水质安全提供保障。决策支持系统的建立，实现了水质的评价、预测和预警结果的可视化，使养殖管理者只需要依靠水质监测数据就能够实现养殖水环境的快速判别和准确决策。

第2章

设施养殖水质评价、
预测及预警相关研究综述

2.1 设施养殖系统概述

20世纪末期，以温室大棚深井海水为主导的流水养殖模式，凭借其灵活高效、经济适用、不受季节限制等特点，焕发了巨大的生命力，迅速地推动了中国海水养殖业的发展，并掀起了国内第四次海水养殖产业化浪潮。但是经过多年的运行，随着养殖密度的不断提升和水资源的无序利用，开放式流水养殖模式的问题也日益暴露出来，如地下井水资源遭受破坏、病害逐年增多、食品安全问题凸现等，加之沿海工业用地挤压和国家倡导节能减排等多重压力，海水养殖产业的发展已经面临一个新的瓶颈，养殖模式亟待转变。

设施养殖在这里主要指的是常说的工厂化循环水养殖模式，它是建立在生物科学、环境科学、机电工程、信息科学、建筑科学等多学科交叉融合发展的基础之上，是人类综合利用现代科学技术手段改造自然、服务产业的一个典型实例（图2-1）。

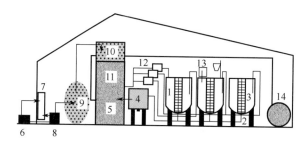

图2-1 法国国家海洋开发研究院循环水设施养殖车间示意图

1—养殖池；2—自动排污装置；3—残饵粪便捕集器；4—机械过滤器；5—蓄水池；6—水泵；7—紫外线消毒器；

8—热交换器；9—生物滤器；10—CO_2去除装置；11—高水位池；12—液态氧投加装置；13—自动投饵机；

14—新鲜海水过滤器

养殖废水虽属于轻度污染水，但要达到循环利用，其水质处理的等级要求很高，因此在生产上，整个处理流程包括了物理过滤、化学过滤和生物过滤等多个方面。其中水处理设施是设施水产养殖系统的关键，主要包括曝气、沉淀、过滤、生物净化、消毒杀菌、热交换、增氧等环节，一般将其分成前处理和后处理两个阶段（图2-2）。图2-3是一个典型的设施养殖系统。

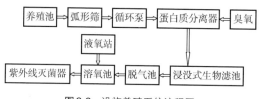

图2-2 设施养殖系统流程图

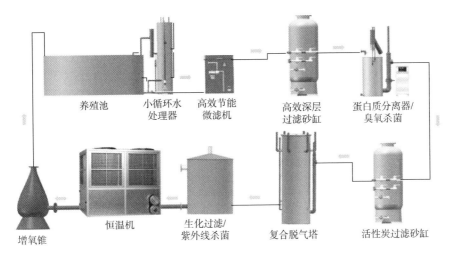

养殖池　　小循环水　高效节能　　高效深层　　蛋白质分离器/
　　　　　处理器　　微滤机　　　过滤砂缸　　臭氧杀菌

增氧锥　　恒温机　　生化过滤/　　复合脱气塔　　活性炭过滤砂缸
　　　　　　　　　　紫外线杀菌

图2-3　设施养殖系统示意图

2.2 设施养殖水质净化的主要设备

养殖池出水进入物理过滤部分，经粪便收集和微滤后，去除残饵和粪便颗粒等直径大于某粒径（μm，根据具体目标养殖生物而定）的固体悬浮物，再经水泵提升进入蛋白质分离器，而后进入生物滤池，在此处对水质进行氨氧化和硝化处理，净化后的水进入消毒装置杀菌，最后经增氧后重新流入养殖池。在设施养殖工艺流程中，多种设备协同作用共同完成对水质的净化处理，主要设备及作用如下：

2.2.1 机械过滤装置

弧形筛（图2-4）或微滤机（图2-5）是设施养殖中常用的物理过滤设备，用来去除水中的固体悬浮物，以降低后续过滤的负荷，提高系统水处理能力。弧形筛或微滤机具有适宜的过滤精度（过滤网目），不仅能保证固体悬浮物的去除率，同时具有较低的运行能耗，因此具有良好的处理效率和经济性。同时，在弧形筛或微滤机的使用中，还设计有定时和水位控制相结合的自动反冲洗装置，确保设备长期稳定运行。

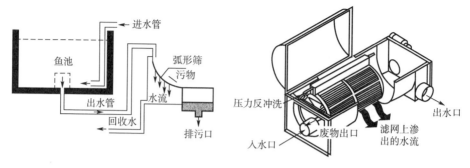

图2-4 弧形筛运行示意图

图2-5 转鼓式机械微滤机

2.2.2 蛋白质分离器

蛋白质分离器主要是利用曝气装置在水下产生微小气泡，利用空气与水之间所形成的接触表面具有的巨大表面张力和表面积，用来吸附水中的溶解态或小颗粒态的有机杂质，在泡沫上升的过程中将污染物质带离水体，以实现去除水中有害有机颗粒，达到净化水体的目的（图2-6）。除此之外，在实际应用中，通过射流器射流形成的大量微细气泡，可以实现与水体中有害气体的交换，脱除水体有害气体，尤其是 CO_2，可使水体硬度下降，保持 pH 值稳定。

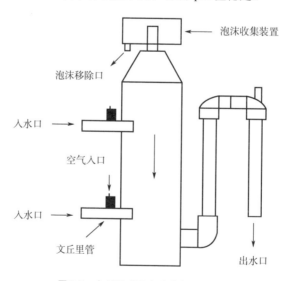

图2-6 文丘里式蛋白质分离器示意图

2.2.3 生物过滤装置

生物过滤是水质处理的关键技术环节，其原理是采用高比表面积的生物填料作为生物膜载体形成生物膜，通过生物膜上的硝化细菌和反硝化细菌的联合作用，将水中的氨氮（TAN）和亚硝酸盐（NO_2—N）转化为硝酸盐（NO_3—N），从而消除其对养殖生物的毒害作用。图 2-7 是几种常见的生物滤池示意图。

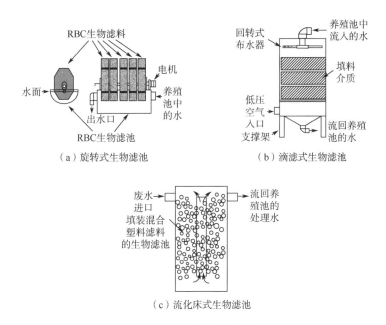

（a）旋转式生物滤池　　　　　　（b）滴滤式生物滤池

（c）流化床式生物滤池

图 2-7　几种常见生物滤池

2.2.4 杀菌消毒装置

臭氧紫外杀菌消毒装置用于控制水体中的病原体，氧化氨氮、亚硝氮、有机物或微小悬浮颗粒。臭氧能透过细胞膜组织或直接与细菌、病毒作用，侵入细胞内破坏它们的细胞器和遗传物质，破坏细菌的正常生命活动，从而达到杀菌的目的。紫外杀菌灯是由大量的柱状紫外灯管并联组成，当水体流经此装置时，波长为 230～270nm 的紫外线可穿透细胞膜破坏内部结构，使菌体丧失分裂繁殖能力逐渐衰亡，最终达到消灭水体病原菌的作用。紫外线和臭氧的联合使用已经取代了紫外线或臭氧的单一使用成为设施养殖系统中杀菌消毒装置的构成部分。此外，臭氧与紫外线的臭氧氧化协同作用，还能提高微孔过滤机的性能，并将影响水色的溶解物质的积累降至最低。在养殖中先使用适当剂量的臭氧，再用高强度的紫外线照射，能够杀灭循环水系统中的全部异养菌和大肠型细菌。

2.2.5　曝气增氧装置

溶解氧（DO）是所有水产养殖生物生存所必需的，DO浓度的下限与养殖种类、大小、生长阶段和生理特性、缺氧持续时间、环境条件等因素相关。系统水流经消毒后进入增氧装置增氧，能够有效补充水体内溶解氧浓度，同时降低水体中 CO_2 的溶解，稳定水体 pH 值。增氧机有机械式、重力式、水面式、水下式、扩散式、涡轮式等（分类标准不同），在设施养殖系统中一般使用机械式和重力式（图 2-8）。

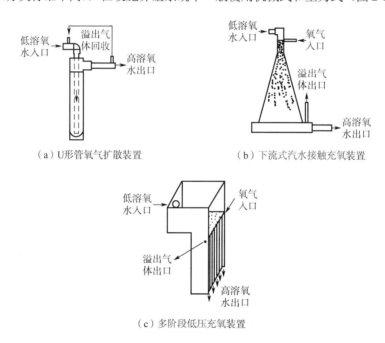

（a）U形管氧气扩散装置　　（b）下流式汽水接触充氧装置

（c）多阶段低压充氧装置

图 2-8　几种常用的增氧方式示意图

2.3　设施养殖水质模型研究现状

众所周知，水质管理的主要目的是控制水质，降低养殖的风险，而养殖水质评价、预测及预警的研究，是水质保护的一项基础性工作，也是进行养殖水质管理的重要手段之一。设施养殖模式属于集约化养殖范畴，一旦出现水质恶化，会导致水循环系统自净能力受阻，水质加倍恶化所带来的风险和损失也是成倍增长的。因此，设施养殖模式需要建立完善的水质监测监管体系和规范科学的养殖水质管理体系。通过对养殖水质进行评价、预测和预警，可以了解养殖过程中水质污染的程度和状态，通过进一步分析污染物的变化及主要污染物来源，从而为及时发现险情提供科学依据[1]。因此，在养殖过程中对水质进行评价、预测及预警，对设施水产养殖来说非常重要[2]。但我国目前的养殖水质管理仅限于被动地对水质进行处理，并没有关于水质决策管理的系统研究。因此，为了充分发挥设施养殖的优势，最大限度地减少水质恶化给养殖带来的影响，在设施养殖过程中建立包括养殖水质评价、趋势预测和实时预警等在内的对虾设施养殖水质管理决策系统，是解决疾病发生、保证养殖产品质量和促进对虾养殖业可持续性发展问题的有效手段[3-4]。

水质模型（Water Quality Model）是水环境研究的工具，是用数学方法描述水质组分所发生的变化、相互关系及内在规律的数学模型[5-6]，是研究水体内环境、水质分析与预测的主要技术手段。水质建模的传统方法是参数统计和确定性模型，但是这些都需要提供大量的水文信息参数。水质污染问题不仅涉及化学、生物等多种主要因素，还受不同污染物的形态、扩散速率等参数的影响，因此水体系统是一个多因素、多变量、多条件的复杂系统，这使得相应水质模型的精确表述和求解非常困难，所以模型通常只考虑主要影响因素，运用合适的数学方法，通过简化的数学模型，在一定的精度水平上给出可靠的答案或可行方案[6]。国内外研究者对水质开展了广泛而深入的研究[7-11]。这些研究主要以自然水体为研究对象，对养殖水质的研究较少。接下来将分别从水质评价模型、预测模型和预警模型等几个方面对水质管理的研究现状进行阐述。

2.3.1　水质评价模型的研究

水质质量评价是水质管理的重要手段之一，是水资源可持续发展的基础，它为水资源合理开发利用和水体污染的综合防治提供了科学依据[12-13]。水质评价是指通过一定的数理方法和其他手段，对水环境的优劣进行定性或者定量描述的过程。水环境质量评价是要求以监测资料为基础，经过统计或其他科学计算方法得出一个量化的结果及环境分类级别的代表值，最后依据所选方法及分级标准进行评价的过程[14-16]。水质评价模型建立的一般步骤为：评价目标的确定→评价标准的选取及评价指标体系建立→评价指标的标准化→建立评价模型→计算各评价对象的综合评价值→将结果与水质标准级别比较→确定水体水质等级[17-20]。水质评价不仅可以了解和掌握影响评价对象的主要污染因子和主要污染源，对研究对象的水质状况进行判断，从而有针对性地制定改善水质质量的方案和综合防治规划，还可以用来鉴定水域防治措施的效果，进行不同地区间水质质量的比较等[21-27]。因此，水质评价已经成为环境质量综合评价中不可缺少的重要内容之一。

最初对水质优劣的评价仅通过对水的色、味、嗅等感官认识实现。随着社会工业化的发展，水质恶化程度已经不能依靠简单的感官途径和单个因子的污染程度来进行判断，为了能准确客观地评价水质，尽可能多的重要水质评价指标的选取变得十分重要，水质评价标准也得到了进一步的完善[15]。国内外环境质量评价方法多种多样，但目前还没有统一的评价方法及标准供研究者使用[28-29]。根据评价的内容和方法，水体质量评价可分为单因子评价法和多因子综合评价法。

单因子评价法比较简单，在计算时只需将某水质最差因子的实测浓度值与其评价标准浓度进行比较即可，常见方法有标准指数法和污染超标倍数法[21]。单因子是各种评价方法的基础，但它不能表征对象水体的综合污染特征，因此现在主要应用于污染源单一的水体或者某种污染物占明显优势的地区。张微微等（2010）分析了密云水库所处流域 4 个监测点 1980~2003 年的地表水质实测数据，参考单因子水质标识指数方法，以国家地表水环境质量标准为基准对密云水库进行了水质评价[21]。常用的多因子综合评价法有内梅罗水质指数（Nemerow）、普拉特水质指数（Prati）、罗斯水质指数（ROSS）、综合污染指数叠加法等[29-34]。综合污染指数的原理是根据各评价因子对水体污染的实际贡献，计算出各主要污染因子的综合评价指数，并最终确定水质级别的方法。除此之外，转换指数法（Exponential Transformation Method）、最差因子判别法（Worst Factor Discrimination）、加权平均法（Weighted Average Method）和内梅罗法等综合计算方法，也是运用专家评价法（Expert Evaluation Method）计算各水质评价指标的权重，从而建立适用于水质评价的改良综合指数法[12, 29]。

近年来，随着计算机技术的快速发展，模糊数学（Fuzzy Mathematics）、层次分析法（Analytic Hiearchy Process）、主成分分析法（Principal Component Analysis）、灰色指数法（Grey Index Method）等相继应用于水质评价模型中[30-34]。模糊理论方法是根据影响水质各因子之间的特征及相关程度，通过建立模糊关系对水质因子进行分类的方法[32-33]。由于水质因子本身存在很多不确定的因素，各水质因子各级标准的划分也带有模糊性，因此模糊集理论比定量化的常规评价方法能更客观地反映水体污染状况。2001 年，Mpimpas 等运用模糊参数的方法对塞尔马海湾的水质污染状况做出评价[34]。王瑞梅等（2003）应用德尔斐法和模糊数学方法，研究了池塘水质评价指标体系和评价标准的确定、评价模型的建立及评价模型的检验[35]。Icaga（2007）应用模糊逻辑方法，用指数模型对地表水水质进行评价[36]。

层次分析法是将某个复杂的多目标决策问题作为一个整体的系统，将大目标划分为多个小目标，进而再分解为多指标的若干层次，最后通过定性指标模糊量化方法算出层次单排序和总排序，以排序结果作为决策标准的方法。吴开亚等（2009）基于加速遗传算法的模糊层次分析法筛选指标体系、确定各评价指标和各子系统的权重，建立了流域水安全预警评价的智能集成模型[37]。孟祥宇等（2009）采用了改进层次分析法（AGA-AHP）和隶属度矩阵，对淮河流域水质进行评价[38]。Wang 等（2009）应用层次分析法建立了人工景观水体健康的综合评价指标体系[18]。Garfi 等（2011）运用层次分析法对巴西半干旱地区的现状进行了评价[19]。

在解决多变量问题时，变量越多，计算量越大，问题的复杂性也越高，人们需要通过统计方法，在进行定量分析的过程中尽可能地减少变量的数目，得到尽可能多的信息。主成分分析便是解决这一问题的理想工具，经过多年发展，它已经成为综合评价中的一种常规方法。与层次分析法和模糊综合评价等不同，主成分分析法不需要专家打分，因而对数据的处理更客观。Simeonov 等（2003）运用多元统计模型对希腊北部地表水（选取 25 个采样点，共监测了 27 个水质因子）质量进行了现状综合评价[20]。Kazi 等（2009）以巴基斯坦的 Manchar 湖为研究对象，用多元统计对湖水进行了评价[39]。刘威等（2010）用主成分分析法对松花江吉林段水质进行研究，结果表明，主要污染物为 COD、BOD、氨氮、石油类、挥发酚和六价铬[40]。Ferreira 等（2011）以水文学和水质指数为基础，指明影响疾病暴发的原因之一是水质恶化，并提出了海水养殖对虾的管理措施[41]。王维等（2012）介绍了现今水质评价的国内外研究进展，对水质评价的各种方法进行了总结，主要阐述了模糊综合评价法和主成分分析法[29]。结果显示，模糊综合评价方法的主要优点是可以将因子定量化，主成分分析法则可以较为客观地对评价因子进行赋权。除此之外，还有灰色理论方法[42]，由于水质系统本身是一个内部不确定而外延确定的问题，属于灰色系统的范畴，因此灰色系统理论与模糊理论在评价中的应用有相似之处[35]。

综上可知，现今水质评价模型大多以自然水体为主要研究对象，但对养殖水体的评价研究却相对不足，针对设施养殖水质评价的研究几乎是空白。因此，建立针对设施养殖的水质评价是十分必要的。

2.3.2 水质预测模型的研究

水质预测是利用历史数据，在一定范围内，对特定时期水质的未来发展状况进行预测的过程，以用来确定水质的状况、变化趋势以及达到某一水质限制级别的时间等。常见水质预测方法有数理统计法（Mathematics Statics）、时间序列方法（Time Series Method）、灰色系统理论（Grey System Theory）和神经网络（Neural Networks）等[43-46]。

水环境系统具有开放性、复杂性和不确定性等特点，水质变化也是一个复杂的非线性过程，影响水质变化的因子有很多，它们与水质之间、不同水质因子之间，均存在着复杂的非线性关系，这就需要一个能够描述水质变量和水质之间复杂非线性关系的模型。预测方法的选取服从于预测的目的和预测对象的信息条件。许多传统的水质模型需要大量的未知的输入数据和模型因子，并最终将自变量和因变量之间的关系简化为简单的线性关系，传统建模方法所得结果费时，准确率又低，因而基于数学模型的统计方法和趋势预测日益成为水质评价的主流方法。但是，这些方法通常是使用一种特定的函数来表示映射关系，不能根据水质变动情况进行调整和更新，因此并不能真实地反映评价主体独特的个性，所以预测精度受到限制[43-44]。理论上，好的预测模型是能够描述水质的动态过程以及生态变化机理的模型。但实际上，描述水体中各物质的相互关系非常困难，复杂的水生生态模型和动态模型虽然有很大进展，但远未达到普遍应用的阶段。因此，针对非线性水质预测问题，许多新的数据处理和建模方法，如人工神经网络（Artificial Neural Networks，ANNs），被引入水质预测模型研究[47-54]。

人工神经网络模型是一个非线性统计技术，可以被用来解决非常规性的数学问题，它在 20 世纪 80 年代迅速崛起，是用大量简单的处理单元来广泛连接所组成的复杂网络。人工神经网络的优势就在于能够通过模拟人脑的神经网络结构和行为来处理复杂的非线性问题，如自适应性、自组织性和错误容忍能力[48]。经过几十年的发展，人工神经网络已经被广泛地应用于各个领域[55-58]，主要进行模型确认、分析预测、系统识别和最优化设计。人工神经网络对水质的预测，实际上是通过学习自变量和因变量历史数据之间的非线性映射关系，并将这种映射关系应用到新的水质数据上，从而定量预测出水质指标的变化过程[54, 57]。Maier 等（2010）总结了从 1999 年到 2007 年发表的 210 篇关于 ANNs 模型研究的期刊论文，结果表明，绝大多数的研究专注于流量预报，而专注水质的预测较少[44]。

ANNs 用于水质预测的主要优点有以下几个方面[54-58]：①快速的计算能力。在水质预测过程中，不仅涉及大量的数据和复杂的非线性计算，而且计算过程中数据之间的传递增加了预测过程的计算量，神经网络的快速并行处理算法可以大大提高计算速度。②适用于非线性系统的建模。ANNs 具有自主学习能力，能够避免水质预测模型建立时的参数估计和识别困难等，它只需要对实验的实测数据进行训练，得到输入-输出数据对之间的映射关系，大大简化了建模过程。③容错能力。由于ANNs 的信息存储方式是分散式记忆，少数部分的缺损，只会造成性能的降低。因此在进行预测时，如果神经元之间或少数神经元结构出现差错，并不会对 ANNs 的正常计算产生影响。④记忆能力。当网络中储存有大量的水质数据及预测对象水质的输入-输出数据映射对关系时，网络可以迅速地对新的水质输入样本给出预测结果。

由于神经网络具有强大的非线性映射能力和并行处理能力，在过去的 15 年，被广泛应用于水资源系统、饮用水及污水处理系统、环境治理系统等领域。杨琴等（2006）用人工神经网络对洞庭湖水体中的氨氮浓度进行了预测[51]。Memon 等（2008）以海德拉巴市饮用水样本为基础建立了 RBF 网络，对不同站点的饮用水水质进行了预测[52]。Palani 等（2008）建立了 BP 网络，对新加坡监测区域内任意点的重点水质因子进行快速评价和预测[53]。May 和 Sivakumar （2009）采用人工神经网络预测了美国各地城市化流域雨水质量[54]。Singh 等（2009）以印度 Gomti 河为研究对象，建立了 DO 与 BOD 的 ANN 水质模型，用于预测河流中的 DO 和 BOD 含量[59]。Ranković 等（2010）对塞尔维亚水库的 DO 建立 ANN 预测模型[60]。

另外，ANNs 还被广泛应用于富营养化或藻类预测。詹海刚等（2000）应用神经网络模型，以遥感反射率为网络输入，相应的叶绿素-a 浓度为输出，采用 Levenberg-arquardt 快速学习算法训练网络。神经网络反演模拟表明，神经网络的反演结果好于统计算法的结果[55]。Wei 等（2001）利用 1982～1996 年的历史监测数据，采用三层前向 BP 神经网络对日本第二大湖霞浦湖四种藻类的生物量进行了预测[50]。邬红娟等（2001）应用人工神经网络模型对辽宁大伙房水库的浮游植物生物量和密度进行预测，以 1986～1994 年的年降雨量等五项指标为输入变量，相应年的浮游植物生物量和密度为输出变量，结果表明预测结果与实际值吻合度较高[56]。Yu（2004）针对连续流 SBR 工艺建立了 BP 神经网络，为实时过程控制提供了准确的预测信息，提高了总氮去除率和反硝化效果[57]。Kuo 等（2007）用 ANN 建立了中国台湾水库的 DO、TP、Chl-a 和透明度的预测模型，并对这些影响水库水质指数的关键因子之间的关系进行了表述[58]。Skogen 等（2009）采用挪威生态模型系统（NORWECOM），以挪威西海岸海湾为研究对象，预测了水产养殖对环境富营养化作用的影响[61]。

养殖水体变化过程的特点是非线性、多变量和模糊性，因此，建立精确的数学模型非常困难，而且，对养殖水体的水质预测属于多目标预测，可能需要预测几种水质参数的指标。而 ANNs 的最大优点就是能够充分逼近任意复杂的非线性关系，学习能力强，能够同时对数据进行定性和定量处理，能够利用本身的连接结构，且可与人工智能充分结合，弥补了经典数学模型的不足。

2.3.3　水质预警模型的研究

预警是指对某一现象或事物的现状和未来的不正常状态，进行时空范围和危害程度的警报。预警的概念最早出现于军事领域，后来在经济[62]、区域资源[63]、环境灾害[64]等方面得到了更为广泛的应用，并逐步被引入到自然资源的管理等方面，人们熟知的地震和气象预警就是成功的范例[65]。

预警的基础是对现状的评价和对未来状况的预测，从评价到预测再到预警的过程，也正是在认识上逐步深入的过程[66-70]。换句话说，预警就是在评价、预测前两阶段的研究基础上，对未来变化的趋势进行区分，使决策管理者能够对研究对象进行直观判断与选择，最终实现安全管理的过程[68-74]。对环境而言，预警是指对环境进行定性、定量分析并确定其变化速度、趋势的过程，而后做出预测与报警，并制定相应对策，以达到缓解或解除潜在危害的过程[69]。水质预警，就是对某一时期或某一阶段的水质状况进行分析、评价，然后对水质状况、水质变化趋势以及达到某一变化限度的时间和危害程度给出警戒信息的过程，一般还应给出出现问题时的相应解决措施，以消除或减弱潜在危险带来的严重水质问题。

早在 20 世纪中叶，在环境公共污染事件频发的背景下，为防止大规模环境事件的一再发生，预警系统作为一种新的管理模式和方法得以开发[71]。水质预警系统是以水质预警模型为基础建立的，是一个集监测、计算、模拟、管理为一体的系统。水质预警系统的建立，不仅有助于决策者和管理部门对目标水体的安全进行有效的管理和决策，而且能够帮助其及时采取有效的应急响应措施。洪梅等（2002）将水质预警模型与 GIS 技术相结合，建立了地下水水质预警信息系统[71]。陈新军等（2003）提出了渔业资源可持续利用预警系统的评价方法和模型框架，并以东海区 1978～1990 年的渔业资源可持续利用状况为例进行了实证分析[75]。王立刚等（2008）提出了中国农区水体监测网络及其预警指标体系，为农区水体环境质量预警系统的建立和国家水资源的安全提供了依据和保障[76]。国外的水质预警研究起步较早，经过多年的发展已较为成熟，如多瑙河等多国主要河流，都建立了各自的预警系统以应对突发性水污染事故[77-78]。Storey 等（2011）对各国先进机构的饮用水在线监控和预警系统进行了系统研究，对世界饮用水水质污染及早期预警的现状进行了综述[78]。Jin 等（2011）建立了一个监测和预警系统，针对中国北方煤田的煤炭开采过程中的煤层底板涌水现象进行预警[79]。Van 等（2012）应用 Delft3D 模型，建立了印尼苏门答腊群岛区域海啸预警系统[80]。Spielhagen（2012）以全球变暖问题为研究对象建立了预警系统[72]。

针对水产养殖的预警，多集中于养殖对象的疾病预警方面。Li 等（2009）以鱼类疾病知识为基础，建立了鱼类水质管理的早期预警系统[73]。Xing 等（2009）根据大量的调查，在研究牙鲆疾病的暴发、分析疾病和因素之间关系的基础上，建立了牙鲆疾病预警模型[74]。王瑞梅等（2011）建立了水质单因子及多因子状态预警模型、趋势预警模型和鱼类生存指数预警模型[35]。Maradona 等（2012）建立了生物监测的早期预警系统，系统中包含了一个能对多种水生物种进行污染物监测和预警的数据库[67]。随着养殖技术的不断发展，设施养殖已经逐渐取代了传统的养殖方式，由于设施养殖密度高，水质成为设施养殖最关键的因素之一，如果不能及时地对水质变化进行预警，当发现水质问题时，损失往往已经不可弥补。于承先等（2009）针对集约化水产养殖场因水质导致的养殖风险问题，提出针对集约化水产养殖的水质溶解氧的预警系统[68]。Yang（2011）建立了一个生物预警系统，对对虾养殖水质 DO 浓度进行预警[69]。但现阶段对养殖水质进行的预警大多仅限于对水质单因子进行预警，对养殖水质综合预警的研究很少，并且缺乏设施养殖水质的统计资料，缺乏超前的信息支持，对水质综合状况的预警研究尚处于探索阶段，理论和方法均处于初级研究阶段[70, 73]。

设施养殖水质的污染具有很大程度的不确定性，例如发生污染时间的不确定性、污染源类型及来源的不确定性。因此，通过对水质进行连续监测，以水质综合评价和预测为基础，结合状态预警模型和趋势预警模型，确定预警指标及预警级别，建立凡纳滨对虾设施养殖水质预警模型，定性、定量的对水质状况进行综合预警，达到对潜在警情进行预报的目的，并制定相应的应急措施，减少或避免警情的发生。

2.3.4 决策支持系统在水质管理中的应用

决策支持系统（Decision Supporting System，DSS）是以管理学、运筹学等学科为基础，以计算机技术和信息技术为手段，用来支持复杂的决策制定、问题解决和提供决策活动的，具有智能作用的人机系统，是斯科特莫顿在 20 世纪 70 年代早期最先提出的[81-83]。DSS 能够为决策者做出正确决策提供必要的支持，不仅包括决策所需的数据及背景材料，还能够对目标和问题进行识别，并对已有方案进行比较[82-84]。DSS 的结构包含 4 部分，分别为：数据管理子系统、模型管理子系统、用户界面子系统和知识管理子系统[85]。

环境决策支持系统的研究是决策支持系统应用最早的领域之一，国内外在环境影响评价[85]、水资源规划和管理[86-87]、环境应急系统[88-89]、大气环境管理[83]和环境与经济的协调发展[84, 90]等方面做了大量的工作。

Nasiri 等（2007）提出了一个模糊计算多属性水质指标的决策支持专家系统，并在原来 WQI 的基础上提供了一个替代公式[91]。Assaf 等（2008）针对黎巴嫩上利塔尼河流域的废水排放问题，制定和实施了综合决策支持系统，旨在帮助政策制定者和其他利益相关者能更清楚地了解废水排放的关键因素和污水引起的环境退化问题[90]。Argent 等（2009）对最近几十年 DSS 的理论和应用开发做了总结，并研究了一个针对水质建模和环境决策支持系统的新方法[92]。Tennakoon 等（2009）设计并开发了一个用户友好的决策支持系统，目的是对各利益相关者的相关水质趋势进行评估，用来协助和改善水体质量[93]。Zhang 等（2011）基于一个混合的模糊区间系数编程（Hybird Fuzzy Interval Coefficient Program，HFICP）模型，建立了水质管理决策支持系统，目的是给实际水质管理提供有效的决策支持[94]。Semenzin 等（2012）以模糊逻辑为基础，以多瑙河和易北河流域为对象，将 DSS 引入水质评价中[95]。

我国决策支持系统的研究始于 20 世纪 80 年代中期[83, 88]。DSS 在中国的发展经历了三个主要时期。第一阶段是从 1978～1988 年，第二阶段是 1988～1991 年，第三个阶段是 1991 年至今[81]。在 1985～1988 年期间，大连理工大学研究所开发了中国最早的 DSS，名为山西省全面发展的决策支持系统，这是一个决策支持系统与专家系统相结合的系统[88]。洪梅等（2002）建立区域水资源管理的预警数据库和预警决策支持系统，为地下水环境恢复朝着良性循环提供了一种新的方法[71]。Feng 等（2007）建立了针对南水北调项目社会和经济影响评估的决策支持系统，通过模拟的嵌入式一般均衡模型（General Equilibrium WCGE），对受影响区域水资源的脆弱性进行建模[96]。张凯等（2007）以湖北省突发事件为研究对象，建立了预警应急智能决策支持系统[89]。于承先等（2009）采用基于人工神经网络等多种数学方法，在建立了相关数学模型的基础上，使用 Java 语言开发，构建了网络化系统[68]。刘宴辉等（2010）在水质监测分析的基础上，构建了黄浦江水源在线水质监控与预警系统，并对预警方法和三级联动监测体系进行了研究，最后实现了监控与预警系统平台的开发及实现[97]。郭羽和贾海峰（2010）以密云水库上游的白河为研究对象，针对频发的水环境污染事故，建立了水污染预警决策支持系统[98]。

值得一提的是，近年来人工智能技术已经被广泛应用于构建决策系统，用来整合来自专家知识的系统被称为基于知识的决策支持系统（Knowledge-based Decision Support System，KBDSS）或智能决策支持系统（Intelligent Decision Support System，IDSS），它充分利用了专家系统定性分析与 DSS 定量分析的优点，提高了 DSS 支持非结构化决策问题的能力[99-100]。图 2-9 是本书水质评价模型技术路线图，图 2-10 是本书水质预测模型技术路线图。

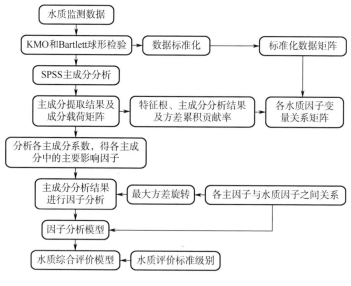

图 2-9　水质评价模型技术路线

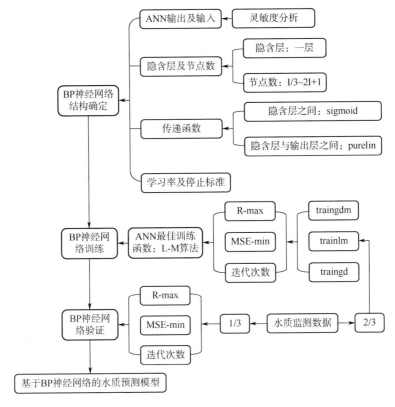

图2-10　水质预测模型技术路线

第3章

设施养殖
水质特征研究

设施养殖水质管理是指在养殖过程中，通过现代化的设施设备，对水质因子进行人为干预，为养殖对象提供适宜的水体环境，以期实现养殖的高产出[101]。但高产出的同时，养殖的高密度会导致粪便以及残饵的累积，使水体中有害物质浓度增高，导致养殖对象抗病力减弱甚至发病。而养殖本身所带来的水资源浪费以及养殖废水排放问题也已成为限制水产养殖业可持续发展的重要原因之一[101-102]。设施养殖水体中影响水环境的因子众多，并且各因子的影响程度不同，本章内容主要是通过生产实验研究实际生产过程中各因子的变化情况，采用多元逐步回归模型分析主要因子与其他各相关水质因子之间的相互关系，确定影响设施养殖水质的主要环境因子。

3.1 设施养殖系统水环境

养殖过程中水环境质量优劣是养殖成功与否的关键[101-102]。环境因子如温度、溶解氧等；理化因子如氨氮、亚硝氮和磷酸盐等，均会直接影响养殖生物的生长、摄食和免疫等各个方面[102-104]。

3.1.1 水温

对水生动物来说，水温是最重要的环境因子之一，直接影响生物产卵、摄食和生长等各个方面[105]，从某种意义上说，它们的一切生活习性均受到水温间接或直接的影响[101, 105]。就本章的研究对象生物对虾来说，一般情况下，对虾的产卵行为与水温呈正相关，所以提高水温可以使对虾的产卵行为提早发生；水温越高，对虾摄食量越大，但摄食行为存在最适水温，并且水温是种间食物竞争的重要因子之一；水温升高会缩短对虾的蜕皮间期。另外，水温是影响对虾的潜底和浮现行为的主要环境因子之一，水温与对虾潜底的时间成反比，水温越低，对虾潜底时间越长，水温还会影响对虾运动的速度和形式等[105-107]。我国《对虾养殖技术规范》规定，凡纳滨对虾虾苗放养温度应不低于 22℃。相关研究指出，凡纳滨对虾可耐受的极限温度分别为 4℃ 和 41℃，耐受温度范围为 18~35℃[108]。

3.1.2 溶解氧

溶解氧（DO）是水产养殖环境中的重要因素，DO 含量较低会影响甲壳类的摄食、蜕皮和抗病能力等各个方面，因此，使 DO 保持在一定水平是设施养殖的基本条件[109-111]。另外，在淡水湖泊环境中，溶解氧还可以抑制底泥中聚磷菌向水体中释放磷酸盐[110-112]。所以，在凡纳滨对虾设施养殖中，通过人工增氧使养殖水体的 DO 含量保持在 5mg/L 以上，不仅能够满足对虾的耗氧需要，还能使水体中的过量有机物及其他有害物质得到充分的氧化分解，保证养殖环境的安全[109,112]。在实际生产过程中，养殖前期一般通过底部充气的方式给养殖水体增氧，养殖中后期，则通过水车式增氧机充氧[111]。

3.1.3 pH 值

pH 值是反映水体生态平衡的综合指标之一。pH 值过低会降低对虾的饵料系数，还会使对虾血液中的 pH 值下降，造成缺氧症；pH 值高，说明水体中的光合作用较强，浮游生物量较大，但 pH 过高，会使有毒的氨态氮含量增加，增强水体 H_2S 及非离子态氨氮的毒性，影响对虾生长[105,108]。因此，凡纳滨对虾最适 pH 值范围为 7.5～8.3，既有利于对虾生长，又能满足细菌的硝化作用，保证养殖生态环境的稳定[108]。

3.1.4 氨氮

氨氮（TAN）是养殖水体中危害最大的污染物质，主要包括离子态氨氮和非离子态氨氮。非离子态氨氮脂溶性较高，能够穿透细胞膜，从而削弱血液的载氧能力，不仅如此，它还会使对虾自我排氨受到抑制、降低能量代谢，甚至死亡[113-118]，因此，非离子态氨氮的毒性要比离子态氨大得多。Lin（2001）等研究表明，当水温为 23℃，pH 值为 8.05，盐度为 25，凡纳滨对虾体长为 3cm 左右时，氨氮的安全浓度为 3.54mg/L，但如果对虾长期处于高浓度氨氮条件下，会使对虾抗病力减弱，影响其健康生长[117]。我国渔业水质标准[119]指出，养殖期间的非离子态氨氮应控制在 0.02mg/L 以下。在实际养殖过程中，养殖中后期水体环境的氨氮含量在 0.5mg/L 左右时，对虾生长不受影响。因此，在凡纳滨对虾设施养殖过程中，应将氨氮控制在 0.5mg/L 以下。

3.1.5 亚硝氮

亚硝酸盐（NO_2—N)是氨态氮转化为硝态氮时的中间产物，不稳定，毒性远低于氨态氮。在 DO 充足时，氨氮在硝化作用下转化为硝氮，当 DO 不足时，氨氮在反硝化细菌作用下转化为亚硝氮[104]。设施养殖过程中不太容易达到亚硝氮的致死浓度，但如果对虾长期处于亚硝氮含量过高的水体环境中，会使对虾的抗病能力降低，出现慢性中毒的现象[104, 108]。

3.1.6　磷酸盐

磷（P）是对虾生长不可缺少的元素之一，不仅参与甲壳的形成，还参与构成磷脂、肌酸、核酸等重要物质[104, 108]。养殖水体中含有的磷酸盐并不会对对虾造成直接危害。磷酸盐主要是会影响养殖水体环境的藻相，改变水体中浮游植物的丰度，进而间接影响对虾的生长等。韩君（2008）研究发现，虾病暴发前，对虾养殖池塘中的无机磷含量会超过阈值，但是，对于磷酸盐含量过高是否与对虾抗病力及对虾发病有直接关系，还需要进一步的研究[110]。同时，养殖污水的排放会造成养殖周边水域环境磷酸盐含量过高，导致海水营养化程度加重，严重时造成水体富营养化，引发赤潮。因此，对养殖水体中磷酸盐的监测和控制是十分必要的。

3.1.7　叶绿素-a

叶绿素-a（Chl-a）一般用来表征水体中藻类数量，它主要反映了水体中藻类的含量。水体中藻类的种类和数量不仅决定了池塘的水质，也会对对虾的健康产生影响。在对虾设施养殖池塘的微藻结构群落中，最为常见的是绿藻，但蓝藻类在种群数量上占的比例较大，所以优势种多为蓝藻类[112]。但随着养殖后期富营养化程度不断升高，颤藻类成为优势种，有害的微藻大量繁殖不仅不能促进水体环境的优化，还会分泌出毒素危害对虾生长，给对虾的生长带来胁迫作用[105]。已有研究表明，水华类和赤潮类微藻的种类和数量与对虾发病程度存在正相关性关系[112]。在高密度凡纳滨对虾养殖过程中，养殖后期时常会出现水质下降，藻类暴发，并最后引发水华或赤潮，导致羟胺、硫化物的释放，出现对虾因应激而死亡的现象[108,112,120]。

3.2　实验数据的获取

实验于 2010 年 7 月 1 日～10 月 28 日在浙江省舟山市绿源水产养殖有限公司第二养殖场进行，历时 120d。实验共使用 4 口对虾养殖池（1#、2#、3#和4#），均为圆形水泥硬底池，池塘面积均为 250m²，水深 1.5m，每个池塘配备一台水车式增氧机，养殖池均为中央排污。实验对虾为凡纳滨对虾，放苗密度为 300 尾/m²，放养对虾的规格为（0.01±0.002）g。对虾每天投饵 4 次，连续饲喂 12 周。

每天于上午 6 时和下午 6 时用 YSI 6920 水质测定仪测定水体中的水温、pH 值和 DO。整个实验期间连续采样，每 7 天采集水样一次，于 7 月 1 日第一次采样。水样于上午 9 时用有机玻璃采水器于池表和池底各采三次并混合均匀，每个水样采集 500mL，采样时用浊度计测定池塘水体的浊度，样品用聚乙烯瓶保存，2h 内送到实验室进行分析化验，测定水体中 COD、氨氮、硝氮、亚硝氮、无机磷、叶绿素-a 和 BOD 的含量[121]。采集水样的同时采集虾样，用地笼于各养殖池内取凡纳滨对虾 30 尾，测量其体长、体重后取平均值。对虾生物学体长用刻度尺测量；对虾湿重用电子天平测定（精度 0.01g）；各水质因子测定方法见表 3-1。

表3-1 对虾设施养殖水质因子的测定方法

水质因子	缩写	单位	分析方法
水温	Water Temp.	℃	水银温度计
pH	pH	pH 单位	YSI 6920
溶解氧	DO	mg/L	YSI 6920
化学需氧量	COD	mg/L	高锰酸钾氧化法
氨氮	TAN	mg/L	靛酚蓝分光光度法
硝氮	NO_3—N	mg/L	镉柱还原法
亚硝氮	NO_2—N	mg/L	萘乙二胺分光光度法
无机磷	TP	mg/L	磷钼蓝分光光度法
浊度	TUR	NTU	浊度计
叶绿素-a	Chl-a	mg/L	热乙醇萃取分光光度法
生化需氧量	BOD_5	mg/L	五日培养法

3.3　水质监测结果

各水质监测结果见表 3-2 和表 3-3。

表3-2　养殖池实测数据（7~8月）

水质因子	数值	实验时间								
		7月1日	7月8日	7月15日	7月23日	7月31日	8月5日	8月12日	8月19日	8月26日
水温/℃	平均值	28.6575	26.7225	29.3575	30.285	27.5675	30.8675	28.8625	32.17	25.6025
	波动范围	28.43~28.86	26.68~26.8	29.28~29.52	29.94~30.51	27.45~27.7	30.83~30.91	28.68~29.02	32.13~32.21	25.52~25.68
	标准差	0.1808	0.0544	0.1115	0.2549	0.1075	0.0386	0.1524	0.0408	0.0685

水质因子	数值	实验时间								
		7月1日	7月8日	7月15日	7月23日	7月31日	8月5日	8月12日	8月19日	8月26日
pH	平均值	8.3	7.905	8.0225	7.7625	7.73	7.6625	7.8725	7.7525	7.9275
	波动范围	8.1~8.5	7.59~8.28	7.56~8.74	7.38~8.17	7.47~7.99	7.54~7.90	7.69~8.11	7.48~8.06	7.58~8.17
	标准差	0.1651	0.3426	0.5693	0.3909	0.2411	0.1617	0.1744	0.3106	0.2496
溶解氧/（mg/L）	平均值	7.2425	7.215	6.04	5.9975	6.86	7.2625	9.25	6.035	8.055
	波动范围	7.14~7.39	7.09~7.34	5.88~6.11	5.89~6.07	6.79~6.92	7.15~7.33	9.1~9.48	6~6.06	8.04~18.07
	标准差	0.1081	0.1021	0.1074	0.0846	0.0535	0.078	0.1651	0.0265	0.0191
化学需氧量/（mg/L）	平均值	5.02	2.6018	3.451	6.958	2.3873	8.7415	8	2.3965	1.557
	波动范围	4.32~5.69	2.05~2.96	2.44~4.18	5.2~8.04	1.75~3.17	8.28~9.42	6.29~9.79	1.79~2.84	1.17~1.87
	标准差	0.603	0.3905	0.7838	1.235	0.6713	0.4814	1.5593	0.4616	0.337
氨氮/（mg/L）	平均值	0.0342	0.0473	0.0172	0.0424	0.0583	0.0251	0.0068	0.0145	0.0721
	波动范围	0.0217~0.0438	0.0195~0.0628	0.0117~0.0229	0.0352~0.0578	0.0466~0.0777	0.0167~0.0329	0.0055~0.008	0.0105~0.0192	0.064~0.0827
	标准差	0.0098	0.0191	0.0045	0.0103	0.0145	0.0069	0.0012	0.0041	0.009
硝氮/（mg/L）	平均值	0.0301	0.0167	0.0157	0.014	0.0521	0.0186	0.0361	0.0239	0.0213
	波动范围	0.0211~0.0367	0.0138~0.0217	0.01~0.022	0.0111~0.0166	0.0351~0.0683	0.0126~0.0307	0.0228~0.585	0.0136~0.0307	0.019~0.0247
	标准差	0.0065	0.0034	0.0057	0.0026	0.1373	0.0082	0.0168	0.0083	0.0027
亚硝氮/（mg/L）	平均值	0.0022	0.0783	0.0037	0.0008	0.0234	0.034	0.0018	0.0028	0.0143
	波动范围	0.001~0.0032	0.0766~0.0794	0.0024~0.0046	0.0007~0.0009	0.0123~0.0372	0.0204~0.0538	0.0014~0.0021	0.0021~0.0038	0.0104~0.0204
	标准差	0.0012	0.0013	0.001	0.0002	0.0117	0.0152	0.0003	0.0009	0.0044

水质因子	数值	实验时间								
		7月1日	7月8日	7月15日	7月23日	7月31日	8月5日	8月12日	8月19日	8月26日
无机磷/（mg/L）	平均值	0.1473	0.2921	0.1024	0.1558	0.3391	0.2042	0.1429	0.0999	0.2419
	波动范围	0.1044~0.1983	0.2148~0.3529	0.0747~0.1265	0.1326~0.1817	0.2756~0.4247	0.1375~0.2546	0.1209~0.1753	0.0878~0.1099	0.2259~0.27
	标准差	0.0408	0.0664	0.0217	0.0207	0.0626	0.0488	0.0236	0.0095	0.1937
浊度/NTU	平均值	33.15	35.575	36.95	38.925	40.65	39.425	40.075	36.55	38.275
	波动范围	31.2~35.5	33.8~36.8	34.9~38.8	37.4~41.1	34.9~44.6	36.9~45.3	37.3~42.4	33.7~40.7	34.4~41.1
	标准差	1.9017	1.4431	1.6381	1.5756	4.0943	3.939	2.2588	2.995	3.2024
叶绿素-a/（mg/L）	平均值	0.1088	0.0181	0.0233	0.0334	0.0337	0.0264	0.1293	0.0307	0.035
	波动范围	0.0825~0.1529	0.0133~0.0252	0.0165~0.0299	0.0249~0.0435	0.0249~0.0409	0.0204~0.0384	0.1042~0.1561	0.0231~0.0391	0.0264~0.0416
	标准差	0.0308	0.0054	0.0056	0.0078	0.0068	0.0081	0.023	0.0065	0.0066
生化需氧量/（mg/L）	平均值	4.425	3.325	3.3	6.35	6.725	3.725	4.575	5.2	6.925
	波动范围	3.1~6.5	2.4~4.7	2.7~4.1	5.6~7.2	6.4~7	3.6~4.0	4.1~5.3	4.7~5.7	6.4~7.6
	标准差	1.4818	0.9777	0.5888	0.7724	0.25	0.1893	0.5123	0.4761	0.6185

表3-3 养殖池实测数据（9~10月）

水质因子	数值	实验时间								
		9月2日	9月10日	9月16日	9月23日	10月1日	10月7日	10月14日	10月21日	10月28日
水温/℃	平均值	24.9475	27.6925	25.3475	29.325	21.6175	20.6575	21.6975	24.445	22.8175
	波动范围	24.86~25.04	27.53~27.78	25.15~25.49	29.26~29.4	21.58~21.66	20.65~20.67	21.51~21.83	24.4~24.47	22.79~22.85
	标准差	0.0863	0.1121	0.1429	0.0597	0.0386	0.0096	0.1552	0.0311	0.0275
pH	平均值	8.0525	7.6125	7.7075	7.8275	7.8125	7.14	7.3175	7.5225	7.3475
	波动范围	7.94~18.18	7.47~7.78	7.53~7.9	7.6~8.26	7.49~8.16	6.81~7.58	6.88~7.74	7.21~7.81	7.03~7.66
	标准差	0.136	0.1297	0.1896	0.3043	0.2744	0.3214	0.4305	0.2454	0.3388

水质因子	数值	实验时间								
		9月2日	9月10日	9月16日	9月23日	10月1日	10月7日	10月14日	10月21日	10月28日
溶解氧/（mg/L）	平均值	7.6925	7.7225	8.685	7.05	8.99	7.02	7.315	8.4875	7.6525
	波动范围	7.46～7.92	7.67～7.77	8.67～8.7	6.92～7.29	8.9～9.08	6.85～7.16	7.21～7.43	8.44～8.52	7.6～7.71
	标准差	0.19	0.0427	0.0129	0.1663	0.0883	0.1585	0.0904	0.0359	0.0512
化学需氧量/（mg/L）	平均值	5.897	4.948	6.1235	4.7098	8.8915	16.037	12.9953	8.1792	12.3805
	波动范围	5.24～7.51	4.39～5.3	4.71～7.96	3.23～7.8	8.04～9.58	13.8～18.19	12.18～14.42	7.42～8.87	11.37～13.97
	标准差	1.0857	0.3967	1.3481	2.1058	0.6445	1.9095	0.986	0.6228	1.1113
氨氮/（mg/L）	平均值	0.1032	0.8301	0.4408	0.9874	0.2025	0.0341	0.0448	0.3137	0.0671
	波动范围	0.0964～0.12	0.4301～1.0266	0.3943～0.4689	0.648～1.5596	0.1487～0.2408	0.0142～0.0578	0.0408～0.0503	0.2396～0.4178	0.0423～0.0877
	标准差	0.0113	0.2705	0.0348	0.4039	0.0422	0.0226	0.0041	0.0774	0.0188
硝氮/（mg/L）	平均值	0.1403	0.0714	0.457	0.238	0.1365	0.3227	0.5815	0.0201	0.2932
	波动范围	0.1261～0.1528	0.0624～0.0862	0.4339～0.4689	0.2096～0.2703	0.1003～0.1841	0.2852～0.3485	0.5582～0.6	0.0133～0.0261	0.238～0.3805
	标准差	0.012	0.0103	0.0157	0.0252	0.0399	0.0289	0.0203	0.0054	0.0613
亚硝氮/（mg/L）	平均值	0.1646	0.0295	0.5185	0.541	0.4387	0.3695	0.3442	0.3724	0.3836
	波动范围	0.1499～0.1831	0.0259～0.0353	0.5076～0.5351	0.5239～0.5546	0.387～0.5394	0.3587～0.3744	0.2467～0.3776	0.3515～0.3822	0.3739～0.3925
	标准差	0.0168	0.0042	0.012	0.0155	0.0688	0.0073	0.065	0.0141	0.0077
无机磷/（mg/L）	平均值	0.186	0.2825	1.2834	0.8596	0.2016	0.4645	0.3978	1.7985	1.7985
	波动范围	0.1438～0.2584	0.2259～0.4302	1.2145～1.3249	0.7875～0.9656	0.1817～0.2435	0.3352～0.5849	0.3699～0.4378	1.6618～1.9379	1.6618～1.9379
	标准差	0.0507	0.0987	0.0486	0.0755	0.0284	0.12	0.0334	0.143	0.143
浊度/NTU	平均值	35.55	45.65	35.275	39.275	45.9	38.125	39.45	39.95	40.5
	波动范围	29.7～39.5	44.9～46.7	33.2～38.3	37.1～41.2	42.1～49.4	37.2～39.7	35.4～40.9	39.1～40.7	38.3～44.3
	标准差	4.1996	0.8226	2.167	1.6879	3.7354	1.1147	2.7012	0.6608	2.6382

水质因子	数值	实验时间								
		9月2日	9月10日	9月16日	9月23日	10月1日	10月7日	10月14日	10月21日	10月28日
叶绿素-a /（mg/L）	平均值	0.1622	0.1861	0.1948	0.3234	0.1704	0.2149	0.1049	0.0966	0.1299
	波动范围	0.1201~0.218	0.1355~0.2288	0.101~0.2907	0.2523~0.3788	0.105~0.2559	0.134~0.2901	0.1022~0.1066	0.0707~0.1236	0.1106~0.1695
	标准差	0.0407	0.0384	0.0908	0.0536	0.063	0.0847	0.0019	0.023	0.0276
生化需氧量 /（mg/L）	平均值	2.75	5.475	5.825	7.925	8.15	11.9	13.25	7.7	12.9375
	波动范围	2.1~4.1	4.3~6.5	4.6~6.6	6.4~18.7	7.4~18.7	10.3~13	11.3~15.2	7.1~8.3	11.7~14.55
	标准差	0.9256	0.9032	0.9323	1.0966	0.6807	1.2936	1.8484	0.4967	1.1898

对 4 口养殖池塘整个养殖周期的数据进行描述性统计，结果见表 3-4。由表 3-4 可知，pH 值、水温、溶解氧和浊度的变异系数分别为 4.89%、12.6%、12.6% 和 10.1%，数据离散程度较小。其他数据的变异系数较大，表明不同的养殖池塘和同一养殖池塘不同的养殖时期内，水环境差别较大。

表3-4　水质因子描述性统计结果

因子	波动范围	平均值	标准差	变异系数/%
氨氮/（mg/L）	0.0055~1.5596	0.1856	0.2999	161.5
亚硝氮/（mg/L）	0.0007~0.5546	0.1846	0.2021	109.5
硝氮/（mg/L）	0.01~0.6	0.1383	0.1689	122.2
无机磷/（mg/L）	0.0747~0.9379	0.4999	0.5486	109.7
叶绿素-a/（mg/L）	0.0133~0.3788	0.1123	0.0903	80.4
化学需氧量/（mg/L）	1.165~18.1888	6.7371	4.035	59.9
生化需氧量/（mg/L）	2.1~15.2	6.6923	3.248	48.5
pH	6.81~8.74	7.7375	0.3787	4.89
水温/℃	20.65~32.21	26.5911	3.3393	12.6
溶解氧/（mg/L）	5.88~9.48	7.4763	0.9443	12.6
浊度/NTU	29.7~49.4	38.8472	3.9329	10.1

各养殖因子随时间的变化趋势见图 3-1。由图 3-1（a）可知，各水质化学因子的变化趋势相似，均为养殖前期含量较低，从养殖中期开始上升，养殖后期先出现下降后又上升。氨氮、亚硝氮和硝氮是养殖水体中氮营养盐存在的主要形态。在养殖池塘中，影响氮含量的主要因素包括投饵、生物代谢、含氮有机物的扩散和矿化、

浮游生物吸收以及氮的挥发等[106,116-117]，对于设施养殖池塘，影响氮增加的主要因素是投饵，影响水体氨氮含量产生变化的主要原因是残饵和粪便的腐烂分解。

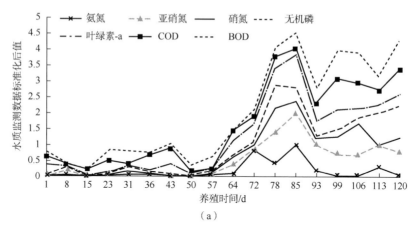

（a）

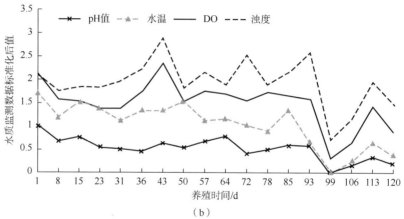

（b）

图3-1　各养殖因子随时间的变化趋势

从养殖第57天开始，水体中的氨氮、亚硝氮和硝氮的含量开始出现上升趋势，说明随着养殖时间增长，水体中的有害物质开始不断积累；养殖第78天，亚硝氮和硝氮的浓度持续升高，但氨氮含量有所下降，说明养殖水体中的氨氮转化为亚硝氮和硝氮的量有所上升，这可能是由于细菌和微生物在经过前期的生长后，池塘中沉积的有机物反而为硝化细菌和微生物提供了充足的养料，有机物被分解利用，降低了水体中氨氮的含量；养殖第85天，由于下雨，氨氮及亚硝氮浓度达到峰值，氨氮浓度高达 1.5596mg/L，但硝氮含量并没有显著升高，说明养殖水体中的氨氮及亚硝氮的转化受到了影响；养殖第93天，由于换水，氨氮、亚硝氮和硝氮的含量均较低；养殖第106天，硝氮的含量达到小高峰，但氨氮和亚硝氮的含量相对较低，说明水体中大部分有害含氮废物转化为硝氮。

随着养殖后期有机物不断积累，在养殖第 85 天，无机磷含量达到小高峰，并且在养殖结束时达到最大值（1.8mg/L）。养殖水体中的无机磷，并不会对对虾造成直接危害，并且适量的无机磷是虾体生长必不可少的，但磷酸盐浓度过高，会影响水体中藻类数量和优势种，间接对对虾生长造成影响[116, 118]，除此之外，养殖废水中的无机磷会对周围水域环境造成污染，加重其营养化程度。整个养殖周期的叶绿素-a 的波动较大（0.018～0.215mg/L），这可能是随着养殖时间的增长，水体中藻相发生变动引起的。申玉春等（1998）在研究设施养殖池浮游微藻的演替时指出，浮游微藻的演替速度快说明虾池浮游微藻群落不稳定，有可能和水体环境不稳定有关[122]。

BOD_5 与 COD 都用来作为水体有机污染的综合指标。由表 3-2 可知，实验后期水体中 COD 的含量约为实验初期 COD 含量的 3 倍，这可能是水体中有机物（如残饵等）分解腐烂后积累所致[123]，在养殖中后期，水体中溶解或悬浮着大量的有机物，导致水体中的 COD 含量升高。COD 与叶绿素-a 有相似的变化趋势，杨晓珊（1996）等研究表明，COD 与叶绿素-a 之间存在显著的正相关关系，与本研究结果相符[124]。COD 在整个养殖过程中存在波动性变化，原因可能是养殖过程中的换水排污。Hopkins 等（1996）研究表明，当凡纳滨对虾的放养密度为 38.2 尾/m² 时，日换水量为 15%的组，BOD_5 由 18.8mg/L 上升到 26.3mg/L，与养殖期间不换水的组相比，在养殖结束时的 BOD_5 含量增加了 1 倍，但两组对虾产量差异不显著，说明凡纳滨对虾对于 BOD_5 具有较强的适应性[102]。

由图 3-1（b）及表 3-2 可知，随着养殖时间的推移，pH 值逐渐下降，到养殖99 天时降至最低，后又逐渐上升，变化趋势略呈 V 形。整个养殖周期内的水温，先上升后下降，这是由季节变化引起的。由于池塘均采用水车充氧，所以养殖期间的 DO 一直保持在 5mg/L 以上。实验过程中的浊度略呈上升趋势，造成这种现象的原因可能有两点：一是随着养殖时间延长，水体中的悬浮物质增多，造成水体浊度上升；第二可能是由后期水体中的浮游植物增多导致了浊度上升。在养殖第 85天，浊度值较低，这可能是由换水造成的[125-126]。

3.4　各水质因子的多元逐步回归模型

回归分析是统计分析中寻找变量之间关系的一种方法，其目的在于了解自变量和因变量之间的相互关系[127-128]。在进行多元回归分析时，需要对自变量进行筛选，将符合条件的自变量纳入方程，并且按照自变量对因变量的贡献程度大小依次选取，将不符合条件的虚假变量剔除，提高方程的可靠性[129-130]。建立水质因子与其他各相关水质因子之间的多元回归方程，目的是能够直接地显现各水质因子的变化规律及影响因素，从而更清楚地了解凡纳滨对虾设施养殖各水质因子的变化。因此，本研究采用多元逐步回归模型来分析凡纳滨对虾设施养殖水质因子与其他水质因子之间的关系。

3.4.1　氨氮与其他水质因子之间的关系

逐步多元回归的结果显示，叶绿素-a、COD 和 pH 值这三项水质因子最终都选入为回归方程。

表3-5　氨氮与其他水质因子的回归系数

模型		非标准化系数		标准化系数 Beta	t	显著性	共线性统计量	
		B	标准误				容差	膨胀因子 VIF
1	常量	−0.087	0.082		−1.064	0.303		
	叶绿素-a	2.431	0.588	0.718	4.131	0.001	1.000	1.000
2	常量	0.074	0.085		0.873	0.396		
	叶绿素-a	2.988	0.509	0.883	5.866	0.000	0.873	1.145
	COD	−0.033	0.011	−0.463	−3.074	0.008	0.873	1.145
3	常量	3.992	1.483		2.691	0.018		
	叶绿素-a	3.090	0.432	0.913	7.148	0.000	0.866	1.155
	COD	−0.059	0.013	−0.827	−4.410	0.001	0.402	2.488
	pH	−0.485	0.183	−0.474	−2.644	0.019	0.440	2.273

表 3-5 给出了所有模型的回归系数估计值，根据模型 3 建立的多元线性回归方程为：

$$c(\text{TAN}) = 3.992 + 3.09 \times c(\text{Chl-a}) - 0.059 \times c(\text{COD}) - 0.485 \times \text{pH}$$

式中，$c(\text{Chl-a})$ 为叶绿素实测浓度值；$c(\text{COD})$ 为 COD 的实测浓度值；pH 为 pH 的实测浓度值。

自变量系数大于 0，说明在凡纳滨对虾设施养殖过程中，随着叶绿素-a 的浓度升高，氨氮含量是升高的；反之，系数小于 0，说明 COD 浓度和 pH 越高，氨氮含量越低。经 t 检验，叶绿素-a 浓度、COD 浓度和 pH 的显著性 P 值都小于 0.05，因而均具有显著性，但常数项不能通过显著性检验。共线性统计显示，三个自变量的膨胀因子（VIF）分别为 1.155、2.488 和 2.273（均小于 5），所以模型 3 的三个自变量之间没有出现共线性。

由表 3-6 可知，所得回归方程的回归关系均达到极显著水平（$P<0.01$），方程的决定系数值（$R=0.896$）也达到极显著水平，可知模型 3 的拟合度较好；模型 3 的

调整 R^2 为0.802，大于模型1和模型2的调整 R^2 值0.516和0.703，说明模型可解释的变异占总变异的比例越来越大，引入方程的变量COD浓度和pH值是显著的；模型1的回归平方和与残差平方和较接近，说明线性模型解释了总平方和的一半，拟合效果不太理想，模型3中两者差距较大，线性模型拟合效果较好；从表3-5还可以得到，当回归方程包含不同的自变量时，其显著性概率值（Sig.）均远小于0.01。所以，用叶绿素-a浓度、COD浓度和pH值这3项水质因子能够估算水体中氨氮含量 $c(TAN)$，其逐步回归方程为：

$$c(TAN)=3.992+3.09×c(Chl\text{-}a)-0.059×c(COD)-0.485×pH$$

式中，$c(Chl\text{-}a)$指实测叶绿素浓度；$c(COD)$指实测COD浓度；pH为pH的实测浓度值。

表3-6　氨氮与其他水质因子的逐步回归方程

| 模型 | 多元逐步回归 | R | R^2 | 平方和 | | | Sig. |
				回归	残差	合计	
1	TAN=-0.087+2.431×Chl-a	0.718	0.516	0.728	0.683	1.411	0.001
2	TAN=0.074+2.988×Chl-a-0.033×COD	0.839	0.703	0.992	0.419	1.411	0.000
3	TAN=3.992+3.09×Chl-a-0.059×COD-0.485×pH	0.896	0.802	1.131	0.279	1.411	0.000

由于自变量的单位不同，无法直接比较，因此需要对偏回归系数进行标准化，由表3-6可知，各项水质因子对氨氮影响从大到小依次是：叶绿素-a浓度、COD浓度和pH值。

3.4.2　亚硝氮与其他水质因子之间的关系

由表3-7可知，硝氮含量、无机磷含量和叶绿素-a浓度三项水质因子最终选入表征亚硝氮含量的回归方程。逐步回归模型3的回归系数估计值分别为-0.06、0.433、0.150和0.978。自变量系数均大于0，说明在凡纳滨对虾设施养殖过程中，随着自变量因子含量的升高，亚硝氮含量上升。经 t 检验，硝氮含量、无机磷含量和叶绿素-a浓度的显著性 P 值都小于0.05，因而均具有显著性。共线性统计显示，自变量的容差分别为0.682、0.836和0.713，说明自变量之间不存在严重的多重共线性；自变量的膨胀因子（VIF）分别为1.467、1.196和1.403（均小于5），所以模型3的三个自变量之间无共线性。

表3-7 亚硝氮与其他水质因子的回归系数

模型		非标准化系数		标准化系数 Beta	t	显著性	共线性统计量	
		B	标准误				容差	膨胀因子 VIF
1	常量	0.065	0.045		1.446	0.168		
	硝氮	0.868	0.206	0.725	4.210	0.001	1.000	1.000
2	常量	0.008	0.040		0.195	0.848		
	硝氮	0.658	0.179	0.550	3.668	0.002	0.858	1.166
	无机磷	0.172	0.055	0.465	3.103	0.007	0.858	1.166
3	常量	−0.06	0.039		−1.538	0.146		
	硝氮	0.433	0.161	0.362	2.697	0.017	0.682	1.467
	无机磷	0.150	0.045	0.405	3.348	0.005	0.836	1.196
	叶绿素-a	0.978	0.317	0.406	3.091	0.008	0.713	1.403

表3-8 亚硝氮与其他水质因子的逐步回归方程

模型	多元逐步回归	R	R^2	平方和			Sig.
				回归	残差	合计	
1	NO₂—N=0.065+0.868×NO₃—N	0.725	0.526	0.377	0.340	0.717	0.001
2	NO₂—N=0.008+0.658×NO₃—N+0.172×DIP	0.843	0.711	0.510	0.207	0.717	0.000
3	NO₂—N=−0.06+0.433×NO₃—N+0.15×DIP+0.978×Chl-a	0.910	0.828	0.594	0.123	0.717	0.000

由表3-8可知，当回归方程包含不同的自变量时，其显著性概率值（Sig.）均远小于0.01。方差分析结果显示，模型2的调整R^2值为0.711，大于模型1的R^2值0.526，说明引入变量无机磷后，模型可解释的变异占总变异的比例增大，引入方程的变量无机磷是显著的，同理，模型3的调整R^2为0.828，大于模型2的调整R^2值，说明引入方程的变量叶绿素-a是显著的；模型1的回归平方和与残差平方和较接近，说明线性模型解释了总平方和的一半，拟合效果不太理想，模型3中两者差距较大，线性模型拟合效果较好；模型3的回归关系达到极显著水平（$P<0.01$），方程的决定系数值（$R=0.91$）也达到极显著水平，可知方程3的拟合度较好，因此，用硝氮、无机磷和叶绿素-a这3项水质因子能够估算水体中亚硝氮的含量，其逐步回归方程为：

$$c(NO_2—N)=-0.06+0.433×c(NO_3\text{-}N)+0.15×c(DIP)+0.978×c(Chl\text{-}a)$$

式中，$c(NO_3—N)$为硝氮的实测浓度值；$c(DIP)$为无机磷的实测浓度值；$c(Chl\text{-}a)$为叶绿素的实测浓度值。

各项水质因子对亚硝氮影响从大到小依次是：叶绿素-a浓度、无机磷和硝氮浓度。

3.4.3　硝氮与其他水质因子之间的关系

由表3-9可知，选入表征硝氮含量的回归方程的水质因子只有亚硝氮，共得到一个回归方程，表明在本研究条件下，凡纳滨对虾设施养殖水质中的硝氮含量，只与亚硝氮含量相关。方程的回归系数估计值分别为0.027和0.605。说明随着亚硝氮含量的升高，硝氮含量也出现升高。经t检验，亚硝氮的显著性P值小于0.01，因而具有极显著性。

表3-9　硝氮与其他水质因子的回归系数

模型		非标准化系数		标准化系数 Beta	t	显著性	共线性统计量	
		B	标准误				容差	膨胀因子 VIF
1	常量	0.027	0.039		0.678	0.507		
	亚硝氮	0.605	0.144	0.725	4.210	0.001	1.000	1.000

由表3-10可知，其回归方程的显著性概率值（Sig.）远小于0.01；方差分析结果显示，模型的回归关系达到极显著水平（$P<0.01$），方程的决定系数值（$R=0.725$）也达到显著水平，模型的拟合度较好。回归平方和为0.5，表明因变量波动程度较小。因此，用亚硝氮能够估算水体中硝氮的含量，其回归方程为：

$$c(NO_3—N)=0.027+0.605×c(NO_2—N)$$

式中，$c(NO_3—N)$为硝氮的实测浓度值；$c(NO_2—N)$为亚硝氮的实测浓度值。

表3-10　硝氮与其他水质因子的逐步回归方程

模型	多元逐步回归	R	R^2	平方和			Sig.
				回归	残差	合计	
1	NO₃—N=0.027+0.605 × NO₂—N	0.725	0.526	0.263	0.237	0.500	0.001

3.4.4　无机磷与其他水质因子之间的关系

由表3-11可知，只有亚硝氮对无机磷含量的表征有影响。方程的回归系数估计值分别为0.163和1.822。说明无机磷含量随着亚硝氮含量而升高。经t检验，亚硝氮的显著性P值小于0.01，因而具有极显著性。

表3-11　无机磷与其他水质因子的回归系数

模型		非标准化系数		标准化系数 Beta	t	显著性	共线性统计量	
		B	标准误				容差	膨胀因子 VIF
1	常量	0.163	0.136		1.198	0.249		
	亚硝氮	1.822	0.502	0.672	3.632	0.002	1.000	1.000

方差分析结果显示（表3-12），模型的回归关系达到极显著水平（$P<0.01$），方程的决定系数值（$R=0.672$）达到显著水平，方程的拟合度较好，因此，用亚硝氮能够估算水体中无机磷的含量，其回归模型为：

$$c(DIP)=0.163+1.822\times c(NO_2—N)$$

式中，$c(DIP)$为无机磷的实测浓度；$c(NO_2—N)$为亚硝氮的实测浓度。

表3-12　无机磷与其他水质因子的逐步回归方程

模型	多元逐步回归	R	R^2	平方和			Sig.
				回归	残差	合计	
1	DIP=0.163+1.822 × NO_2—N	0.672	0.452	2.382	2.889	5.271	0.001

3.4.5　叶绿素-a 与其他水质因子之间的关系

由表3-13可知，亚硝氮和氨氮最终选入表征叶绿素-a 含量的回归模型。逐步回归模型2的回归系数估计值分别为0.047、0.208和0.145。亚硝氮和氨氮的系数均大于0，说明在凡纳滨对虾设施养殖过程中，随着亚硝氮和氨氮含量的升高，叶绿素-a 含量升高。

经 t 检验，亚硝氮和氨氮的显著性 P 值都小于0.01，因而均具有极显著性。共线性统计显示，亚硝氮和氨氮的容差和膨胀因子均分别为0.796和1.256，说明亚硝氮和氨氮之间无共线性。

表3-13　叶绿素-a 与其他水质因子的回归系数

模型		非标准化系数		标准化系数 Beta	t	显著性	共线性统计量	
		B	标准误				容差	膨胀因子 VIF
1	常量	0.057	0.019		2.927	0.010		
	亚硝氮	0.300	0.072	0.723	4.192	0.001	1.000	1.000

模型		非标准化系数		标准化系数 Beta	t	显著性	共线性统计量	
		B	标准误				容差	膨胀因子 VIF
2	常量	0.047	0.016		2.968	0.010		
	亚硝氮	0.208	0.064	0.501	3.254	0.005	0.796	1.256
	氨氮	0.145	0.046	0.492	3.194	0.006	0.796	1.256

表3-14 叶绿素-a与其他水质因子的逐步回归方程

模型	多元逐步回归	R	R²	平方和			Sig.
				回归	残差	合计	
1	Chl-a=0.057+0.3 × NO₂—N	0.723	0.523	0.065	0.059	0.123	0.001
2	Chl-a=0.047+0.208 × NO₂—N+0.145 × TAN	0.846	0.716	0.088	0.035	0.123	0.000

由表3-14可知，当模型包含不同的自变量时，其显著性概率值（Sig.）均远小于0.01；方差分析结果显示，模型2的调整R^2值为0.716，大于模型1的调整R^2值0.523，说明引入氨氮作为变量后，模型可解释的变异占总变异的比例增大，引入的变量是显著的；模型1的回归平方和与残差平方和较接近，说明线性模型约解释了总平方和的一半，拟合效果不太理想，模型2中两者差距较大，线性模型拟合效果较好；模型2方程的决定系数值（$R=0.846$）也达到极显著水平。因此，用亚硝氮和氨氮就能够估算水体中叶绿素-a的含量，其逐步回归方程为：$c(\text{Chl-a})=0.047+0.208 \times c(\text{NO}_2—\text{N})+0.145 \times \text{TAN}$。用标准偏回归系数对得到不同水质因子对叶绿素-a浓度的影响程度排序，从大到小依次是：亚硝氮和氨氮。国内外专家普遍认为，氮磷营养盐会影响自然水体中叶绿素-a的分布，与本研究结果相似[112-123]。

3.4.6　COD与其他水质因子之间的关系

由表3-15可知，只有pH值对COD含量有影响。模型的回归系数估计值分别为88.999和-10.632。说明COD含量随着pH的升高而降低。经t检验，pH值的显著性P值远小于0.01，具有极显著性。

表3-15 COD与其他水质因子的回归系数

模型		非标准化系数		标准化系数 Beta	t	显著性	共线性统计量	
		B	标准误				容差	膨胀因子 VIF
1	常量	88.999	18.370		4.845	0.000		
	pH	−10.632	2.373	−0.746	−4.481	0.000	1.000	1.000

方差分析结果显示（表 3-16），模型的回归关系达到极显著水平（$P<0.01$），方程的决定系数值（$R=0.746$），达到显著水平，方程的拟合度较好；偏差平方和（回归平方和+残差平方和）较大，说明 COD 测定值之间差异较大，即波动的程度较大。根据模型建立的多元线性回归模型为：

$$c(\text{COD})=88.999-10.632\times \text{pH}$$

表3-16　COD 与其他水质因子的逐步回归方程

模型	多元逐步回归	R	R^2	平方和			Sig.
				回归	残差	合计	
1	COD=88.999-10.632 × pH	0.746	0.557	152.337	121.296	273.733	0.000

3.4.7　BOD_5 与其他水质因子之间的关系

由表 3-17 可知，与 BOD_5 含量有关的水质因子为 pH 值和水温两项。逐步回归模型 2 的回归系数估计值分别为 68.667、-6.816 和-0.347。pH 值和水温的系数均小于 0，说明在本实验研究条件下，随着 pH 值和水温的升高，BOD_5 降低。

经 t 检验，pH 值的显著性 P 值小于 0.01，具有极显著性；水温的显著性 P 值小于 0.05，具有显著性。共线性统计量显示，pH 值和水温的容差和膨胀因子均分别为 0.714 和 1.400，说明 pH 值和水温之间无共线性。

表3-17　BOD_5 与其他水质因子的回归系数

模型		非标准化系数		标准化系数 Beta	t	显著性	共线性统计量	
		B	标准误				容差	膨胀因子 VIF
1	常量	76.836	13.388		5.739	0.000		
	pH	-9.065	1.729	-0.795	-5.243	0.000	1.000	1.000
2	常量	68.667	12.371		5.551	0.000		
	pH	-6.816	1.813	-0.598	-3.760	0.002	0.714	1.400
	水温	-0.347	0.150	-0.369	-2.321	0.035	0.714	1.400

由表 3-18 可知，当模型包含不同的自变量时，其显著性概率值（Sig.）均远小于 0.01；方差分析结果显示，模型 2 的调整 R^2 值 0.729，大于模型 1 的 0.623，说明引入变量水温后，模型可解释的变异占总变异的比例增大，引入的变量是显著的；方程 1 和方程 2 的回归平方和与残差平方和均有差距，但模型 2 中两者差距较

模型 1 大，因此，模型 2 的线性模型拟合效果较好；模型 2 的决定系数值（R=0.854）也达到极显著水平。因此，用 pH 值和水温可以估算水体中 BOD_5 的含量，其逐步回归模型为：

$$c(BOD_5)=68.667-6.816 \times pH-0.347 \times t$$

式中，$c(BOD_5)$ 为 BOD_5 的实测浓度；pH 为 pH 的实测值；t 为水温的实际测定值。

用标准偏回归系数得到 pH 值和水温对 BOD_5 的影响程度，结果为 pH 值的影响程度高于水温。

表 3-18　BOD_5 与其他水质因子的逐步回归方程

模型	多元逐步回归	R	R^2	平方和			Sig.
				回归	残差	合计	
1	BOD_5=76.836−9.065×pH	0.795	0.623	110.761	64.475	175.236	0.000
2	BOD_5=68.667−6.816×pH−0.347×t	0.854	0.729	127.800	47.436	175.236	0.000

3.4.8　pH 值与其他水质因子之间的关系

由表 3-19 可知，BOD_5 最终选入表征 pH 值的回归模型。方程的回归系数估计值分别为 8.204 和−0.07。说明 pH 值的大小与 BOD_5 含量成反比。经 t 检验，BOD_5 的显著性 P 值远小于 0.01，具有极显著性。

表 3-19　pH 与其他水质因子的回归系数

模型		非标准化系数		标准化系数 Beta	t	显著性	共线性统计量	
		B	标准误				容差	膨胀因子 VIF
1	常量	8.204	0.098		83.546	0.000		
	BOD_5	−0.070	0.013	−0.795	−5.243	0.000	1.000	1.000

方差分析结果显示（表 3-20），表征模型回归关系的 P 值远小于 0.01，达到极显著水平，方程的决定系数值（R=0.795），达到显著水平，模型的拟合度较好；偏差平方和（回归平方和+残差平方和）较小，说明 pH 测定值之间差异较小，即波动的程度较小。建立的多元线性回归模型为：

$$pH=8.204-0.07 \times c(BOD_5)$$

式中，pH 为 pH 的实测值；$c(BOD_5)$ 为 BOD_5 的实测浓度。

表3-20　pH值与其他水质因子的逐步回归方程

模型	多元逐步回归	R	R^2	平方和			Sig.
				回归	残差	合计	
1	pH=8.204−0.07×c(BOD$_5$)	0.795	0.632	0.852	0.496	1.348	0.000

3.4.9　水温与其他水质因子之间的关系

由表3-21可知，水温的数值与BOD$_5$最为相关。方程的回归系数估计值分别为31.486和−0.731。说明BOD$_5$含量越大，池塘的水温测定值越低。经t检验，BOD$_5$的显著性P值为0.002，远小于0.01，具有极显著性。

表3-21　水温与其他水质因子的回归系数

模型		非标准化系数		标准化系数 Beta	t	显著性	共线性统计量	
		B	标准误				容差	膨胀因子 VIF
1	常量	31.486	1.422		22.141	0.000		
	BOD$_5$	−0.731	0.193	−0.689	−3.798	0.002	1.000	1.000

方差分析结果见表3-22，表征模型回归关系的P值远小于0.01，达到极显著水平，方程的决定系数值（R=0.689），达到显著水平，模型的拟合度较好；偏差平方和较大，说明水温测定值之间差异较大。建立的多元线性回归模型为：

$$t=31.486−0.731×c(\text{BOD}_5)$$

式中，c(BOD$_5$)为BOD$_5$的实测浓度值；t为水温。

表3-22　水温与其他水质因子的逐步回归方程

模型	多元逐步回归	R	R^2	平方和			Sig.
				回归	残差	合计	
1	t=31.486−0.731×BOD$_5$	0.689	0.474	93.763	103.997	197.759	0.002

3.5　小结

本章主要研究了与凡纳滨对虾设施养殖水质相关的各水质因子的变化特征。以凡纳滨对虾设施养殖水质数据为基础，对实测的11项因子进行显著性检验及统计处理，选取氨氮、亚硝氮、硝氮、无机磷、叶绿素-a、COD、BOD$_5$、pH和水温作为对虾设施养殖水质系统的主要水质因子。采用多元逐步回归模型分析了凡纳滨对虾设施养殖主要水质因子与其他各相关水质因子之间的相关关系，并用多元线性回归方程的形式予以表示。结果表明，多元逐步回归模型除了能够反映出某水质因子与其他水质因子之间的变动规律，还能够分辨出与需描述变量的相关变量及干扰变量，将对此水质因子影响最大的一些因子列入回归模型。与一般的多元线性回归模型相比，逐步回归剔除了虚假变量和微小变量，提高了模型的可靠性；并且对变量的筛选是逐步进行的，避免了原方程出现不真实性的问题。

第4章

设施养殖
水质评价模型

水质评价是以监测资料为基础，通过一定的数理方法和手段，得出统计量及水质环境的各代表值，并对水环境要素的优劣进行定量描述的过程。没有合理、科学的指标体系和恰当的评价方法，就不可能达到评价的目的。水质评价最早使用的方法是单一污染因子指数法，自 20 世纪 80 年代以来，随着计算机技术的发展，各种数学方法的应用，使得评价方法更加规范化，评价的整体水平得到不断提高。目前国内外研究水质评价的方法有很多，每种方法都有其合理性和适用范围，常用的评价方法主要有单因子评价法和多因子综合评价法，多因子综合评价法主要有层次分析法、污染综合指数法、模糊数学法、因子分析法、灰色聚类法、神经网络等[131-134]。水质评价的关键是建立相应的评价指标体系和确立适宜的评价方法。

水质评价模型是以水环境质量评价为重要组成部分，通过一定的数理方法和手段，对影响水环境优劣的要素进行描述的数学模型。在建立水质评价模型之前，均需要进行两方面的工作：一是对对象水体的环境特征进行调查；二是必须掌握各水质因子对评价水体的影响状况。评价因子的选择随着评价对象水体的性质及评价侧重点不同而不同，水质因子的选择要具有代表性，一般来说，应根据水质监测情况、水体特征和所采用的评价方法等确定。

4.1　水质评价参数的确定

4.1.1　水质评价参数确定的依据

影响养殖水质的因素很多，任何一个评价体系都不可能全面地对每一个因素进行评价，并且对于不同因子，其对水质的影响程度是不同的。设施养殖水质人工控制程度高，人为操作对整个养殖系统影响大，生产实践证明，在养殖水质评价过程中，一些因素对水质的影响是可以不用考虑的，比如微量元素等，微量元素进入养殖水体的量很小，并且微量元素的检测难度较大，需要送至相关技术部门进行检测。因此，评价参数的选择应从评价的对象和目的、有害污染物的特点等方面综合分析，另外，还应尽量选择权威部门规定的监测项目，这样不仅能使评价有所规范，而且使得有关参数有标准可循，使评价的质量准确而有效。

4.1.2　水质评价参数的选择

水质评价因子是水质评价的主体，参评因子的选择直接影响评价结果。目前水体质量综合评价中尚未有对参评因子选取的标准，往往是评价者根据评价对象的水质监测情况以及评价需要对参评因子人为地进行选取，这样的选取方法存在两个问题：一是对某些次要因子的人为地剔除，加重了被评价水体的污染程度，有失客观性；二是会丢失一些评价因子的重要信息，造成信息缺失。养殖水体是一个极为复杂的水体环境，不可能在同一时间内对所有的水质因子进行评价，为较好地解决以上两个问题，在实际操作中，一般采用德尔菲法、多元统计法和相关分析方法等。

4.2　设施养殖水质评价标准的确定

目前在养殖水质标准方面的研究不多，主要集中在单因子如温度、氨氮等对养殖生物的急性毒理实验方面，我国现行的《渔业水质标准》（GB 11607—89）中，只对淡水渔业中各指标的上下限做了规定，并没有像《饮用水水质标准》那样分出级别，其主要原因有两个方面，一是用途不同，养殖系统水质较为复杂，在饮用水或地表水中属于污染的物质，在养殖中恰好是浮游动植物或养殖物生长必需的营养物质；二是目前对设施养殖过程中的水质分级方面的研究还很少，有部分研究建立了池塘水质的分级指标及标准，但现存的分级方法并不能完全评价水质质量的优劣，如 pH 值，其值不是越高越好，而是在最低和最高中间有一个区域是养殖生物生存的最佳区域。在本章的实例介绍中，采用养殖生物的生理及对环境的适应情况，结合大量实际养殖数据，确定了养殖生物生存环境质量的评价标准（表 4-1）。

表4-1　凡纳滨对虾养殖水环境质量标准分类

分类	氨氮 / (mg/L)	亚硝氮 / (mg/L)	pH 值	DO / (mg/L)	水温/℃	COD / (mg/L)
I	0.02	0.38	7.7～8.3	8	27	8
II	0.05	1.38	7.5～7.69/8.29～8.5	7	25～26.9/27.1～32	10
III	0.08	2.38	7.3～7.59/8.51～8.7	6	20～24.9/32.1～35	12
IV	0.10	3.38	7～7.29/ > 8.7	5	18～19.9/ > 35	14
V	0.15	4.38	< 7/ > 8.7	4	< 18/ > 35	18
X_i	0.08	2.38	7.4/8.5	6	25/32	12

4.3 设施养殖水质单因子评价

4.3.1 单因子水质评价模型

单因子评价法是将某种污染物实测浓度与该污染物的评价标准浓度进行比较以确定水质类别的方法。将每个水质监测参数与水质评价标准进行比较，最后以水质最差的单项指标所属类别来确定水体综合水质类别。一般根据我国《渔业水质标准》（GB 11607—89）或本底值采用超标指数法，评价其超标程度，做起来相对容易，这种方法在环境质量评价的初期应用较多。

单因子评价法是基于确定性理论的指数法模型，其表达式为：

$$I_i = \frac{c_i}{c_{ij}} \qquad\qquad (4\text{-}1)$$

式中 c_i——第 i 类污染物测定值；

$\quad\quad c_{ij}$——第 ij 类污染物评价标准。

对于规定的指标浓度越小越好的，$I_i > 1$ 为超标；

对于规定的指标浓度越大越好的，$I_i < 1$ 为超标。

4.3.2 单因子水质评价模型实例

各水质因子的现场监测结果见表 4-2，H 代表实验所用池塘编号。

对 9 月 16 日 H_1 养殖池的氨氮进行评价，结果为：

$$I_{NH_3-N} = \frac{c_{NH_3-N}}{c_{NH_3-N-5}} = \frac{0.7103}{0.15} = 4.7 > 1 \text{，氨氮评价结果为 V 类水质；}$$

对 9 月 23 日 H_1 的 DO 进行评价，结果为：

$$I_{DO} = \frac{c_{DO}}{c_{DO-2}} = \frac{6.61}{7} = 0.9 < 1 \text{，所以 DO 评价结果为 II 类水质。}$$

单因子评价的缺点是污染指数只能代表一种污染物对水质污染的程度，不能反映水质整体污染程度，所以用最差的单项指标水质来判定水体是否满足使用功能并不能保证其科学合理性。单因子评价主要应用于当某一特定因子在特定时期或环境下对水质起主导作用时，对该因子的评价。我国现行的单因子评价表现过为保护，不利于反映水体功能是否满足使用要求，但在对水质整体进行评价时，综合评价可能会掩盖某一指标的恶劣程度，因此单因子评价一般作为综合评价的必要辅助手段。

表4-2　各水质因子的监测结果

日期	池号	氨氮 / (mg/L)	亚硝氮 / (mg/L)	pH 值	DO / (mg/L)	水温 /℃	COD / (mg/L)
9月16日	H₁	0.7103	0.038	7.55	5.53	23.2	3.82
	H₂	0.8273	0.027	7.5	6.82	23.4	1.99
	H₃	0.8323	0.042	7.63	6.61	23.1	5.12
	H₄	0.8236	0.026	7.77	7.74	23.2	3.25
9月23日	H₁	0.125	0.1794	7.58	6.61	23.5	3.93
	H₂	0.0403	0.1502	7.71	7.74	23.5	9.10
	H₃	0.0553	0.2264	7.53	6.82	23.6	4.59
	H₄	0.1113	0.0952	7.72	7.31	23.7	9.86
10月1日	H₁	0.9706	0.1868	7.81	5.28	24.1	3.41
	H₂	0.5746	0.0705	7.19	5.24	24.0	3.49
	H₃	0.7713	0.1828	6.77	5.58	24.2	4.30
	H₄	0.6480	0.0734	6.78	5.65	24.1	3.29
10月7日	H₁	0.4363	0.4048	7.67	5.91	24.5	6.66
	H₂	0.2408	0.1877	7.61	7.66	24.5	8.12
	H₃	0.1898	0.3870	7.10	7.58	24.6	8.12
	H₄	0.2309	0.1863	7.75	7.71	24.5	7.80

4.4　设施养殖水质多因子评价

4.4.1　综合污染指数评价模型

综合污染指数模型是在水质综合污染指数法的基础上建立的。评价标准有 5 个分类等级，每个样本中有 6 个水质因子，其实测浓度值为 y'，对应于 6 项水质因子，有规定的极限值记为 x。

并设：

5 类水质标准下水质因子的特征值为：$x_i = \{x_{i1}, x_{i2}, \dots, x_{i5}\}$，其中 $i = 1, 2, \cdots, 6$；水体样本的污染指数为：y_j，其中 $j = 1, 2, \cdots, 5$。

用同一参数标准值的平均值作为标准，根据各水质因子的平均值分两种情况求出水质标准的特征值 x_i 和样本污染指数 y_j。

第一种情况：水质条件会随水质因子 i 浓度的增加而变好的评价参数，计算式为：

$$x_i = \frac{\left(\overline{x_i} - x_i'\right)}{\overline{x_i}} \tag{4-2}$$

$$y_j = \frac{\left(\overline{x_i} - y_j'\right)}{\overline{x_i}} \tag{4-3}$$

第二种情况：水质条件会随水质因子 i 浓度的减少而变好的评价参数，计算式为：

$$x_i = \frac{x_i'}{\overline{x_i}} \tag{4-4}$$

$$y_j = \frac{y_j'}{\overline{x_i}} \tag{4-5}$$

其中：

$$\overline{x_i} = \sum_{i=1}^{k} \frac{x_i}{5}$$

评价水体样本综合污染指数对 k 级标准特征值的贴近度为：

$$D_{ij} = \left| \sum x_i - \sum y_j \right| \tag{4-6}$$

式中，D_{ij} 为某评价样本 j 对等级 i 的贴近度。

本法用标准类别的均值作为确定特征值和实测值的污染指数，按最小原则确定水质类别，与单因子评价法相比，此法清晰直观，数据利用率较高。

4.4.2 综合污染指数评价模型实例

本实例参考单因子评价方法将水质级别分为 5 类，根据已确定的各因子极限值来界定各级水质标准下各水质因子的标准值，各水质因子的标准值见表 4-2。

现以 9 月 16 日 H₁ 养殖池的实测值为例，验证此评价模型的准确性。

根据第 4.4.1 小节的方法，首先确定水质标准中各参数的均值 $\overline{x_i}$，以均值为基准，计算水质标准类别的特征值。如 DO 的第一类特征值根据公式（4-1），应为：$X_{15} = (\overline{X_{15}} - X_5')/\overline{X_{15}} = (6-8)/6 = -0.33$，此法依次得出其他类别各参数的特征值，结果见表 4-3。

表4-3 水质标准类别的特征值

分类	氨氮 /（mg/L）	亚硝氮 /（mg/L）	pH 值	DO /（mg/L）	水温/℃	COD /（mg/L）	$\sum x_i$
I	0.25	0.16	0.88	−0.33	1.5/−0.22	0.67	3.59/1.87
II	0.625	0.58	−0.03/0.98	−0.17	0.96/−0.06	0.83	3.485/3.475
III	1	1	−0.06/1.01	0	0.9/−0.05	1	4.84/4.96
IV	1.25	1.42	0.04/1.02	0.17	0.59/0.09	1.17	5.95/6.43
V	1.875	1.84	0.05/1.02	0.25	0.56/0.09	1.5	7.695/8.195

以各参数的平均值为基准，确定相应实测值的污染指数。如 H_1 养殖池 DO 的污染指数根据公式（4-2），应为 $Y_{15} = \left(\overline{X_{15}} - Y'_5 \right) \Big/ \overline{X_{15}}$ =(6−5.53)/6=0.078，依此类推，得实测值的污染指数如表4-4所示。

表4-4 实测值的污染指数

养殖池	氨氮 /（mg/L）	亚硝氮 /（mg/L）	pH 值	DO /（mg/L）	水温/℃	COD /（mg/L）	$\sum y_i$
H_1	8.88	0.016	−0.02	0.078	0.072	0.318	9.354

由上知，根据公式（4-6），确定 H_1 养殖池的五个贴近度分别为：

$$D_{11} = \left| \sum_{x1} - \sum_{y1} \right| = \left| 3.59 - 9.354 \right| = 5.764$$

$$D_{21} = \left| \sum_{x2} - \sum_{y2} \right| = \left| 3.485 - 9.354 \right| = 5.869$$

$$D_{31} = \left| \sum_{x3} - \sum_{y3} \right| = \left| 4.84 - 9.354 \right| = 4.514$$

$$D_{41} = \left| \sum_{x4} - \sum_{y4} \right| = \left| 5.95 - 9.354 \right| = 3.404$$

$$D_{51} = \left| \sum_{x5} - \sum_{y5} \right| = \left| 7.695 - 9.354 \right| = 1.659$$

按最小原则确定各养殖池所属的水质类别。养殖池 H_1 的 5 个贴近度中，类别 V 的贴近度最小，故养殖池 H_1 水质应属 V 类。

同理，将 9 月 23 日的实测数据按以上方法进行评价，结果见表4-5。

表4-5 9月23日各养殖池的贴近度和评价结果

养殖池编号	I	II	III	IV	V	评价结果
H_1	4.389	4.708	3.215	5.643	7.085	III类
H_2	1.427	2.809	4.926	3.459	6.713	I类
H_3	1.261	2.729	4.398	2.591	4.412	I类
H_4	6.713	3.083	5.643	5.838	3.411	II类

由表4-5可知，用综合指数评价模型对 9 月 23 日 H_1、H_2、H_3、H_4 的水质进行

评价，结果为：H_2、H_3 为 I 类水质，H_4 为 II 类水质，H_1 为 III 类水质。将实际监测的结果进行分析，可得不管是从氨氮，还是从 DO 等因子方面，9 月 23 日 H_2、H_3 养殖池水质情况要优于 H_4，H_1 养殖池水质最差，评价结果与养殖池实际监测数据分析结果相符，所以，此评价模型较合理，能准确地评价水质状况。

4.4.3　模糊综合评价模型

在水质质量综合评价中，涉及大量的复杂现象和多种因素的相互作用，养殖水质的好与坏也存在大量的模糊现象和模糊概念。因此在进行综合评价时，常用模糊综合评价的方法进行定量化处理，评价出水体的质量等级。在模糊综合评价法的基础上建立模糊综合评价模型如下：

设评定对象的集合为 $Y = \{Y_i, i = 1, 2, \cdots, n\}$，$n=6$，$Y_i$ 表示待评价的实验养殖池，$i=4$；设评价因子的集合为 u。

因为水质污染程度和水质分级标准都是模糊的，所以用隶属度来划分分级界限较合理。根据各因子的 5 级标准，作出 5 个级别的隶属函数，用 r_{ij} 表示 i 因子对 j 级水质标准的隶属度，选用降半梯形公式，求出模糊关系矩阵 R。

对于浓度越小越好的因子，其对水质级别的相对隶属度公式为：

$$r_{ij} = \begin{cases} 1 & (c_i < b_i) \\ \dfrac{s_i - c_i}{s_i - b_i} & (b_i < c_i < s_i) \\ 0 & (c_i > s_i) \end{cases} \tag{4-7}$$

对于浓度越大越好的因子，其对水质级别的相对隶属度公式为：

$$r_{ij} = \begin{cases} 1 & (c_i > s_i) \\ \dfrac{s_i - c_i}{s_i - b_i} & (b_i < c_i < s_i) \\ 0 & (c_i < s_i) \end{cases} \tag{4-8}$$

式中　c_i——第 i 个因子的实测值；

　　　s_i——水质分级标准允许最大值；

　　　b_i——水质分级标准允许最小值。

将计算结果构造隶属矩阵 R，则有：

$$R \equiv \begin{bmatrix} r_{11} & r_{12} & \cdots & r_{15} \\ \vdots & \vdots & \vdots & \vdots \\ r_{i1} & r_{i2} & \cdots & r_{i5} \\ \vdots & \vdots & \vdots & \vdots \\ r_{61} & r_{62} & \cdots & r_{65} \end{bmatrix} \tag{4-9}$$

然后确定各因子的权重，求出各评价对象的权重集合 A。根据各因子对水质的影响程度大权重大和影响程度小权重应小的原则，确定各因子权重的大小，即其超标值越大，污染贡献越大，从而权重越大。为了进行模糊复合运算，各单因子权重必须进行归一化处理，这种方法既可以突出环境质量评价中主要因子的作用，又考虑了不同因子标准值的差异，方便计算。

由此得到某一对象的权重集合 $A = [a_1, \quad a_2, \quad \cdots, \quad a_n]$。其计算式为：

对越大越优型：
$$a_i^{'} = \frac{b_i}{c_i} \tag{4-10}$$

对越小越优型：
$$a_i^{'} = \frac{c_i}{s_i} \tag{4-11}$$

归一化后得：

$$a_i = \frac{a_i^{'}}{\sum a_i^{'}} \tag{4-12}$$

式中　$a_i^{'}$——第 i 个因子的评价指标权重；

c_i——第 i 个因子的实测值；

s_i——水质的分级标准允许最大值；

b_i——水质的分级标准允许最小值。

利用 Matlab（Max— •）算子将 A 与 R 合成得到模糊综合评价结果向量 $\boldsymbol{B}$。

$$\boldsymbol{B} = [b_1, b_2, \cdots, b_j]$$

本实验中的 b_j 计算公式为：

$$b_j = \sum_{i=1}^{p} \left(a_i r_{ij} \right) = \bigvee_{i=1}^{p} \left(a_i \bigwedge r_{ij} \right) = \max \left(1, \sum_{i=1}^{p} a_i r_{ij} \right) \quad j = 1, 2, \cdots, m \tag{4-13}$$

式中　b_j——隶属于第 j 等级的隶属度；

a_i——第 i 个评价因子的权重；

r_{ij}——第 i 个评价因子隶属于第 j 等级的隶属度。

按最大隶属原则确定每一水环境等级归类，根据 b_j 值的大小确定同一等级水环境质量的优劣。

4.4.4　模糊综合评价模型实例

本实例共设置 6 个评价指标，评价指标分为 5 个评价级，评价标准见表 4-1。本例中因子数集合 $U = （1，2，3，4，5，6）$，根据各指标的 5 级标准，作出 5 个级别的隶属函数，评价指标分为偏大型分布和偏小型分布。对 DO 等浓度越大越好的因子，根据公式（4-8）确定 5 级标准的隶属函数如下：

$$r_{DO-1} = \begin{cases} 1 & C \geqslant s_1 \\ \dfrac{C-s_2}{s_1-s_2} & s_2 < C < s_1 \\ 0 & C \leqslant s_2 \end{cases}$$

$$r_{DO-2} = \begin{cases} 0 & C \geqslant s_1, C \leqslant s_3 \\ \dfrac{C-s_2}{s_1-s_2} & s_2 < C < s_1 \\ \dfrac{C-s_3}{s_2-s_3} & s_3 < C \leqslant s_2 \end{cases}$$

$$r_{DO-3} = \begin{cases} 0 & C \geqslant s_2, C \leqslant s_4 \\ \dfrac{C-s_3}{s_2-s_3} & s_3 < C < s_2 \\ \dfrac{C-s_4}{s_3-s_4} & s_4 < C \leqslant s_3 \end{cases}$$

$$r_{DO-4} = \begin{cases} 0 & C \geqslant s_3, C \leqslant s_5 \\ \dfrac{C-s_4}{s_3-s_4} & s_4 < C < s_3 \\ \dfrac{C-s_5}{s_4-s_5} & s_5 < C \leqslant s_4 \end{cases}$$

$$r_{DO-5} = \begin{cases} 0 & C \geqslant s_4 \\ \dfrac{C-s_5}{s_4-s_5} & s_5 < C < s_4 \\ 1 & C \leqslant s_5 \end{cases}$$

仍以 DO 为例，DO 采用偏大型分布，所以其 5 级标准的隶属函数为：

$$r_{DO-1} = \begin{cases} 1 & C \geqslant 8 \\ C-7 & 7 < C < 8 \\ 0 & C \leqslant 7 \end{cases}$$

$$r_{DO-2} = \begin{cases} 0 & C \geqslant 8, C \leqslant 6 \\ C-7 & 7 < C < 8 \\ C-6 & 6 < C \leqslant 7 \end{cases}$$

$$r_{DO-3} = \begin{cases} 0 & C \geqslant 7, C \leqslant 5 \\ C-6 & 6 < C < 7 \\ C-5 & 5 < C \leqslant 6 \end{cases}$$

$$r_{DO-4} = \begin{cases} 0 & C \geqslant 6, C \leqslant 4 \\ C-5 & 5 < C < 6 \\ C-4 & 4 < C < 5 \end{cases}$$

$$r_{DO-5} = \begin{cases} 0 & C \geqslant 5 \\ C-4 & 4 < C < 5 \\ 1 & C \leqslant 4 \end{cases}$$

其中：C 为 DO 的实测浓度

同理，得到各评价指标 5 级标准的隶属函数。在此基础上建立单因子评价的模糊评价关系矩阵 $\boldsymbol{R}$。

$$\boldsymbol{R} = \begin{bmatrix} r_{NH_3-N-1} & r_{NH_3-N-2} & r_{NH_3-N-3} & r_{NH_3-N-4} & r_{NH_3-N-5} \\ r_{NO_2-N-1} & r_{NO_2-N-2} & r_{NO_2-N-3} & r_{NO_2-N-4} & r_{NO_2-N-5} \\ r_{pH-1} & r_{pH-2} & r_{pH-3} & r_{pH-4} & r_{pH-5} \\ r_{DO-1} & r_{DO-2} & r_{DO-3} & r_{DO-4} & r_{DO-5} \\ r_{t-1} & r_{t-2} & r_{t-3} & r_{t-4} & r_{t-5} \\ r_{COD-1} & r_{COD-2} & r_{COD-3} & r_{COD-4} & r_{COD-5} \end{bmatrix}$$

根据第 4.4.3 小节的方法确定本实验中的模糊关系矩阵和评价因子权重，以 9 月 16 日 H_1 为例，模糊关系矩阵 $\boldsymbol{R}$ 为：

$$\boldsymbol{R} = \begin{bmatrix} 0 & 0 & 0 & 0 & 1 \\ 1 & 0 & 0 & 0 & 0 \\ 0.25 & 0.75 & 0 & 0 & 0 \\ 0 & 0 & 0.53 & 0.47 & 0 \\ 0 & 0.64 & 0.36 & 0 & 0 \\ 1 & 0 & 0 & 0 & 0 \end{bmatrix}$$

各因子权重，以氨氮为例，根据公式（4-12），得：

$$
\begin{aligned}
a_{NH_3-N} &= \frac{a'_{NH_3-N}}{\sum a'_{NH_3-N}} \\
&= \frac{\dfrac{c_{NH_3-N}}{s_{NH_3-N}}}{\left(\dfrac{c_{NH_3-N}}{s_{NH_3-N}}\right) + \left(\dfrac{c_{NO_2-N}}{s_{NO_2-N}}\right) + \left(\dfrac{b_{pH}}{c_{pH}}\right) + \left(\dfrac{b_{DO}}{c_{DO}}\right) + \left(\dfrac{b_t}{c_t}\right) + \left(\dfrac{c_{COD}}{s_{COD}}\right)}
\end{aligned}
\tag{4-14}
$$

确定各水质因子对水质级别的相对隶属度，不同条件下各因子权重计算公式为：

（1）当 pH 值＜8.3，18℃＜t＜27℃时：

DO 等含量越大越好的因子：

$$a_i = \frac{a_i^{'}}{\sum a_i^{'}} = \frac{\dfrac{b_i}{c_i}}{\dfrac{c_{NH_3-N}}{0.15} + \dfrac{c_{NO_2-N}}{4.38} + \dfrac{7}{c_{pH}} + \dfrac{4}{c_{DO}} + \dfrac{18}{c_t} + \dfrac{c_{COD}}{18}} \tag{4-15}$$

氨氮等含量越小越好的因子：

$$a_i = \frac{a_i^{'}}{\sum a_i^{'}} = \frac{\dfrac{c_i}{s_i}}{\dfrac{c_{NH_3-N}}{0.15} + \dfrac{c_{NO_2-N}}{4.38} + \dfrac{7}{c_{pH}} + \dfrac{4}{c_{DO}} + \dfrac{18}{c_t} + \dfrac{c_{COD}}{18}} \tag{4-16}$$

（2）当 pH 值＞8.3，18℃＜t＜27℃时：

DO 等含量越大越好的因子：

$$a_i = \frac{a_i^{'}}{\sum a_i^{'}} = \frac{\dfrac{b_i}{c_i}}{\dfrac{c_{NH_3-N}}{0.15} + \dfrac{c_{NO_2-N}}{4.38} + \dfrac{c_{pH}}{8.7} + \dfrac{4}{c_{DO}} + \dfrac{18}{c_t} + \dfrac{c_{COD}}{18}} \tag{4-17}$$

氨氮等含量越小越好的因子：

$$a_i = \frac{a_i^{'}}{\sum a_i^{'}} = \frac{\dfrac{c_i}{s_i}}{\dfrac{c_{NH_3-N}}{0.15} + \dfrac{c_{NO_2-N}}{4.38} + \dfrac{c_{pH}}{8.7} + \dfrac{4}{c_{DO}} + \dfrac{18}{c_t} + \dfrac{c_{COD}}{18}} \tag{4-18}$$

（3）当 pH 值＜8.3，27℃＜t＜35℃时：

DO 等含量越大越好的因子：

$$a_i = \frac{a_i^{'}}{\sum a_i^{'}} = \frac{\dfrac{b_i}{c_i}}{\dfrac{c_{NH_3-N}}{0.15} + \dfrac{c_{NO_2-N}}{4.38} + \dfrac{7}{c_{pH}} + \dfrac{4}{c_{DO}} + \dfrac{c_t}{35} + \dfrac{c_{COD}}{18}} \tag{4-19}$$

氨氮等含量越小越好的因子：

$$a_i = \frac{a_i^{'}}{\sum a_i^{'}} = \frac{\dfrac{c_i}{s_i}}{\dfrac{c_{NH_3-N}}{0.15} + \dfrac{c_{NO_2-N}}{4.38} + \dfrac{7}{c_{pH}} + \dfrac{4}{c_{DO}} + \dfrac{c_t}{35} + \dfrac{c_{COD}}{18}} \tag{4-20}$$

（4）当 pH 值＞8.3，27℃＜t＜35℃时：

DO 等含量越大越好的因子：

$$a_i = \frac{a_i^{'}}{\sum a_i^{'}} = \frac{\dfrac{b_i}{c_i}}{\dfrac{c_{\mathrm{NH_3-N}}}{0.15} + \dfrac{c_{\mathrm{NO_2-N}}}{4.38} + \dfrac{c_{\mathrm{pH}}}{8.7} + \dfrac{4}{c_{\mathrm{DO}}} + \dfrac{c_t}{35} + \dfrac{c_{\mathrm{COD}}}{18}} \tag{4-21}$$

氨氮等含量越小越好的因子：

$$a_i = \frac{a_i^{'}}{\sum a_i^{'}} = \frac{\dfrac{c_i}{s_i}}{\dfrac{c_{\mathrm{NH_3-N}}}{0.15} + \dfrac{c_{\mathrm{NO_2-N}}}{4.38} + \dfrac{c_{\mathrm{pH}}}{8.7} + \dfrac{4}{c_{\mathrm{DO}}} + \dfrac{c_t}{35} + \dfrac{c_{\mathrm{COD}}}{18}} \tag{4-22}$$

本模型所涉及的全部 pH 值均在 8.3 以下，水温均在 27℃ 以下，即标准下区域，所以公式（4-14）中 pH、水温为越大越好型，应选择第二类权重计算公式，即：

对 DO 等含量越大越好的因子：

$$a_i = \frac{a_i^{'}}{\sum a_i^{'}} = \frac{\dfrac{b_i}{c_i}}{\dfrac{c_{\mathrm{NH_3-N}}}{0.15} + \dfrac{c_{\mathrm{NO_2-N}}}{4.38} + \dfrac{c_{\mathrm{pH}}}{8.7} + \dfrac{4}{c_{\mathrm{DO}}} + \dfrac{18}{c_t} + \dfrac{c_{\mathrm{COD}}}{18}}$$

对氨氮等含量越小越好的因子：

$$a_i = \frac{a_i^{'}}{\sum a_i^{'}} = \frac{\dfrac{c_i}{s_i}}{\dfrac{c_{\mathrm{NH_3-N}}}{0.15} + \dfrac{c_{\mathrm{NO_2-N}}}{4.38} + \dfrac{c_{\mathrm{pH}}}{8.7} + \dfrac{4}{c_{\mathrm{DO}}} + \dfrac{18}{c_t} + \dfrac{c_{\mathrm{COD}}}{18}}$$

以 9 月 16 日 H_1 为例，计算结果见表 4-6。

表4-6　隶属度及评价因子权重

项目	氨氮	亚硝氮	pH 值	DO	水温	COD
I	0	1	0.25	0	0	1
II	0	0	0.75	0	0.64	0
III	0	0	0	0.53	0.36	0
IV	0	0	0	0.47	0	0
V	1	0	0	0	0	0
权重	0.6416	0.0018	0.1256	0.0980	0.1051	0.0288

由表 4-6 可得，9 月 16 日 H_1 养殖池的权重集 A 为：[0.6416，0.0018，0.1256，0.0980，0.1051，0.0288]。

同法可得 9 月 16 日 H_2、H_3、H_4 的模糊关系矩阵和评价因子权重，结果见表 4-7。

表4-7　隶属度值及评价因子权重

养殖池编号	项目	氨氮	亚硝氮	pH 值	DO	水温	COD
H_2	I	0	1	0	0	0	1
	II	0	0	1	0.82	0.68	0
	III	0	0	0	0.18	0.32	0
	IV	0	0	0	0	0	0
	V	1	0	0	0	0	0
	权重	0.6962	0.0008	0.1178	0.0741	0.0971	0.0140
H_3	I	0	1	0.65	0	0	1
	II	0	0	0.35	0.61	0.62	0
	III	0	0	0	0.39	0.38	0
	IV	0	0	0	0	0	0
	V	1	0	0	0	0	0
	权重	0.6813	0.0012	0.1126	0.0743	0.0957	0.0349
H_4	I	0	1	1	0.74	0	1
	II	0	0	0	0.26	0.64	0
	III	0	0	0	0	0.36	0
	IV	0	0	0	0	0	0
	V	1	0	0	0	0	0
	权重	0.6976	0.0008	0.1145	0.0657	0.0986	0.0229

利用 Matlab（Max−·）算子将 A 与 R 合成，得到模糊综合评价结果向量 B 及评价结果。

$B = A \cdot R$

$= [a_{NH_3-N}, a_{NO_2-N}, a_{pH}, a_{DO}, a_t, a_{COD}] \cdot$

$$\begin{bmatrix} r_{NH_3-N-1} & r_{NH_3-N-2} & r_{NH_3-N-3} & r_{NH_3-N-4} & r_{NH_3-N-5} \\ r_{NO_2-N-1} & r_{NO_2-N-2} & r_{NO_2-N-3} & r_{NO_2-N-4} & r_{NO_2-N-5} \\ r_{pH-1} & r_{pH-2} & r_{pH-3} & r_{pH-4} & r_{pH-5} \\ r_{DO-1} & r_{DO-2} & r_{DO-3} & r_{DO-4} & r_{DO-5} \\ r_{t-1} & r_{t-2} & r_{t-3} & r_{t-4} & r_{t-5} \\ r_{COD-1} & r_{COD-2} & r_{COD-3} & r_{COD-4} & r_{COD-5} \end{bmatrix}$$

$= [b_1, b_2, \cdots, b_j]$

以 H_1 为例，

$$\boldsymbol{B} = A \cdot R = [0.6416, 0.0018, 0.1256, 0.098, 0.1051, 0.0288] \cdot \begin{bmatrix} 0 & 0 & 0 & 0 & 1 \\ 1 & 0 & 0 & 0 & 0 \\ 0.25 & 0.75 & 0 & 0 & 0 \\ 0 & 0 & 0.53 & 0.47 & 0 \\ 0 & 0.64 & 0.36 & 0 & 0 \\ 1 & 0 & 0 & 0 & 0 \end{bmatrix}$$

$$= [0.062, 0.1615, 0.0897, 0.0461, 0.6416]$$

各养殖池评价结果见表 4-8。

将 9 月 23 日的实测数据按以上方法进行评价,评价因子权重值见表 4-9,模糊评价结果见表 4-10。

表4-8 各养殖池9月16日的模糊综合评价向量 **B** 及评价结果

养殖池编号	b₁	b₂	b₃	b₄	b₅	评价结果
H₁	0.062	0.1615	0.0897	0.0461	0.6416	V
H₂	0.0148	0.2446	0.0444	0	0.6962	V
H₃	0.1093	0.144	0.0654	0	0.6813	V
H₄	0.1868	0.0802	0.0355	0	0.6976	V

表4-9 隶属矩阵和评价因子权重

养殖池编号	项目	氨氮	亚硝氮	pH 值	DO	水温	COD
H₁	I	0	1	0.4	0	0	1
	II	0	0	0.6	0.61	0.7	0
	III	0	0	0	0.39	0.3	0
	IV	0.5	0	0	0	0	0
	V	0.5	0	0	0	0	0
	权重	0.246	0.0121	0.2726	0.1786	0.2261	0.0644
H₂	I	0.32	1	1	0.26	0	0.45
	II	0.68	0	0	0.74	0.7	0.55
	III	0	0	0	0	0.3	0
	IV	0	0	0	0	0	0
	V	0	0	0	0	0	0
	权重	0.0895	0.0114	0.3028	0.1724	0.2555	0.1686
H₃	I	0	1	0.15	0	0	1
	II	0.82	0	0.85	0.82	0.72	0
	III	0.18	0	0	0.18	0.28	0
	IV	0	0	0	0	0	0
	V	0	0	0	0	0	0
	权重	0.1284	0.0175	0.3147	0.1985	0.2582	0.0863

养殖池编号	分类	氨氮	亚硝氮	pH 值	DO	水温	COD
H₄	I	0	1	1	0.31	0	0.07
	II	0	0	0	0.69	0.74	0.93
	III	0	0	0	0	0.26	0
	IV	0.77	0	0	0	0	0
	V	0.23	0	0	0	0	0
	权重	0.2105	0.0062	0.2572	0.1552	0.2155	0.1554

表4-10 各养殖池9月23日的模糊综合评价向量 **B** 及评价结果

养殖池编号	b_1	b_2	b_3	b_4	b_5	评价结果
H₁	0.1844	0.4282	0.1428	0.1223	0.1223	II
H₂	0.4634	0.4599	0.0766	0	0	I
H₃	0.151	0.7185	0.1305	0	0	II
H₄	0.3224	0.4111	0.056	0.1621	0.0484	II

　　两种评价方法对9月16日水质评价结果一致，水质级别均为Ⅴ类水质，但9月23日水质评价结果经综合指数评价模型评价出的 H_1、H_2、H_3、H_4 的水质级别为Ⅲ、Ⅰ、Ⅰ、Ⅱ，而经模糊评价模型评价出的水质级别分别为Ⅱ、Ⅰ、Ⅱ、Ⅱ。可见在对某因子状况明显恶化的条件下（如9月16日氨氮），两种评价方法均能较准确判断水质恶化程度，对水质级别作出判断，但在没有某一水质因子条件特别差的情况下（如9月23日各养殖池水质），两种评价模型的评价结论出现不同。

　　综合评价是对整体水质作出定量的描述，将综合污染指数与标准类别的综合特征值进行比较，从而对评价水质进行分类，不存在各因子在水质系统中的权重问题，但在养殖水体中，各水质因子对水质的影响并不相同，也就是说，各因子在所有评价因子中占有的比重并不是均等的。由于养殖水体环境本身的大量不确定性因素，各因子对水体质量影响的轻重程度不一样，所以在养殖水体中，模糊评价比综合评价更合理。

　　对9月23日 H_1 养殖池的水质进行评价，综合评价结果为Ⅲ，模糊评价为Ⅱ，对 H_3 的评价结果分别为Ⅰ、Ⅱ，也就是说，对于 H_1、H_3 养殖池的水质状况，模糊评价的结果是同样等级，而综合评价的结果却相差较大。从实测数据上看，造成这种差异的主要原因是氨氮含量的差异，H_1 氨氮含量9月23日为0.125mg/L，H_3 为0.0553mg/L，在实际的养殖活动中，氨氮含量从0.0553mg/L上升至0.125mg/L并不会明显引起水质变化，对对虾的活动也不会产生影响，因此模糊评价结果更合理。

4.4.5 多元统计评价模型

在不同领域的科学研究中，往往需要对研究对象的变量进行观测，得到大量数据，然后进行分析和寻找规律。多变量大样本在为科学研究提供丰富的信息的同时，也在一定程度上增加了信息捕获的工作量[135]。除此之外，变量之间存在着或大或小的相关关系，增加了问题分析的难度。如果盲目减少变量，可能造成重要信息的缺失，导致错误结论的产生，但如果对变量进行单独分析，又会导致分析不全面，得到孤立的分析结果，不能反映问题的真实情况[136-137]。因此，需要找到一个合理的方法，在减少分析指标的同时，最大限度地减少信息的损失，对所收集的数据资料进行全面的分析。因子分析就是利用变量基本特征来解释观测变量的一种工具[138]。

（1）因子分析的目的及原理

因子分析的基本目的是将具有错综复杂关系的变量，综合为数量较少的几个因子，用少数几个因子去描述多个变量之间的关系。因子分析以多个变量间的相互关系为基础，将联系较紧密的变量归为同一类别，得到少数相互独立的变量组合，并且不同组合之间的变量相关性较低[139-142]。同一类别内的变量，由于受到一个不可观测的综合变量的影响而彼此高度相关的，将这个综合变量称为公共因子。通过不同的因子还可以对变量进行分类，被描述的变量一般都是能实际观测的随机变量，而分类得到的因子是不可观测的潜在变量。对于研究对象涉及的问题，就用数量最少的公共因子的线性函数关系和特殊因子之和来描述所有的观测变量[143-144]。

因子分析的原理是以相关性为基础，利用降维的思想，从原始变量的协方差矩阵或相关矩阵入手，把具有错综复杂关系的变量归为少数几个公共因子所为，并把剩余的变异称为特殊因子[145-146]。在因子分析中，某个公因子代表某一类变量的基本特征，当对问题的内在体系还不了解时，可利用因子分析将观测变量归为几个少数公因子，令每个公因子代表空间的一个维度，经旋转后，各个维度之间还可以认为是不相关的，用这些维度就能比较清晰地刻画研究对象的系统结构，它可以在变量很多且变量之间存在较强相关关系的情况下，寻求出数据的基本结构[146-148]。

（2）因子分析模型

设有 n 个样本，每个样本监测 p 个因子。为了消除数量级和量纲不同带来的影响，采用 Z-scores 方法对 p 个指标的 $p \times n$ 个原始数据进行标准化处理，并计算标准化协方差矩阵。原始监测值和标准化后的新因子均用 x 表示。标准化的因子均值向量为 $\sum(\bar{x}) = \bar{\mu}$，协方差矩阵 $\mathbf{V} = (\sigma_{ij})_{p \times p}$。设原公共因子变量为 y_1，y_2，$\cdots$，y_m，标准化后的变量记为 F_1，F_2，$\cdots$，$F_m(m<p)$。如果 $x=(x_1, x_2, \cdots, x_p)'$ 是可观测随机因子，且均值向量 $\sum(\bar{x}) = 0$，协方差矩阵 $\mathbf{V}$ 与相关矩阵相等。如果 $F=(F_1, F_2, \cdots,$

F_m)$'$ ($m<p$)是不可观测因子，其均值向量$\sum(\boldsymbol{F})=0$，且协方差矩阵等于 1，则向量 $\boldsymbol{F}$ 的各分量相互独立。

因子分析模型的一般形式记为：

$$\begin{cases} x_1 = a_{11}F_1 + a_{12}F_2 + \cdots + a_{1m}F_m + \varepsilon_1 \\ x_2 = a_{21}F_1 + a_{22}F_2 + \cdots + a_{2m}F_m + \varepsilon_2 \\ \qquad\qquad\cdots \\ x_p = a_{p1}F_1 + a_{p2}F_2 + \cdots + a_{pm}F_m + \varepsilon_p \end{cases} \tag{4-23}$$

因子模型（4-23）的矩阵形式为 $\vec{x} = A\vec{F} + \vec{\varepsilon}$ 。

其中：

ε_i 是因子 x_i 的特殊因子；

$$\vec{x} = \left(x_1, x_2, \cdots, x_p\right)' ; \quad \vec{F} = \left(F_1, F_2, \cdots, F_m\right)' ;$$

$$\vec{\varepsilon} = \left(\varepsilon_1, \varepsilon_2, \cdots, \varepsilon_m\right)' ; \quad \mathbf{A} = \begin{bmatrix} a_{11} & a_{12} & \cdots & a_{1m} \\ a_{21} & a_{22} & \cdots & a_{2m} \\ \cdots & \cdots & \cdots & \cdots \\ a_{p1} & a_{p2} & \cdots & a_{pm} \end{bmatrix}$$

矩阵 $\mathbf{A}$ 称为因子载荷矩阵（component matrix），系数 a_{ij} 称为因子 x_i 在公共因子 F_j 上的载荷（loading）。如果总体是标准化的，有 $a_{ij}=\rho(x_i, F_j)$，即因子 x_i 在公共因子 F_j 上的载荷 a_{ij} 就是 x_i 与 F_j 的相关系数。a_{ij} 的绝对值越大，说明两者的相关性越高。

（3）初始公共因子和初始因子载荷矩阵的确定

① 因子载荷

由式（4-23）可知，

$$x_i = a_{i1}F_1 + a_{i2}F_2 + \cdots + a_{im}F_m + \varepsilon_i, i = 1, 2, \cdots, p \tag{4-24}$$

所以 x_i 与 F_j 的协方差为

$$V\left(x_i, F_j\right) = V\left(\sum_{j=1}^{m} a_{ij}F_j + \varepsilon_i, F_j\right) = V\left(\sum_{j=1}^{m} a_{ij}F_j, F_j\right) + V\left(x_i, F_j\right) = a_{ij} \tag{4-25}$$

因子载荷表明了因子 x_i 与公共因子 F_j 的协方差，它表示了因子与公共因子的相关程度。因子载荷系数 a_{ij} 的绝对值接近 1，则公共因子 F_j 能说明因子 x_i 的大部分信息。

② 变量共同度

如果将矩阵 $\mathbf{A}$ 中第 i 行元素的平方和记为 h_i^2，因子载荷矩阵 $\mathbf{A}$ 中各行元素的平方和为：

$$\begin{cases} h_1^2 = a_{11}^2 + a_{12}^2 + \cdots + a_{1m}^2 \\ h_2^2 = a_{21}^2 + a_{22}^2 + \cdots + a_{2m}^2 \\ \qquad\cdots \\ h_p^2 = a_{p1}^2 + a_{p2}^2 + \cdots + a_{pm}^2 \end{cases} \tag{4-26}$$

即：$h_i^2 = \sum_{j=1}^{m} a_{ij}^2$ ，称为各因子 x 的公因子方差（共同度），且

$$V(x_i) = V\left(\sum_{i=1}^{m} a_{ij}F_j + \varepsilon_i\right) = \sum_{i=1}^{m} a_{ij}^2 + \sigma_{ij}^2 = h_i^2 + \sigma_i^2 \tag{4-27}$$

其中，σ_i^2 是 ε_i 的方差。因此，因子 x_i 的方差由两部分组成。第一部分是公共因子方差 h_i^2，是全部公共因子对因子 x_i 所提供的方差之总和。第二部分是待定变量所产生的方差，是特殊因子方差，也是剩余方差，它仅与因子 x_i 自身的变化相关。按照因子分析的目的，要求共同度大而特性方差小，根据共同度和剩余方差的比例，可以说明因子被公共因子说明的程度。

③ 公共因子方差贡献率

矩阵 $\mathbf{A}$ 中第 j 列的各元素的平方和记为：g_j^2。因子载荷矩阵 $\mathbf{A}$ 中各列元素的平方和为：

$$\begin{cases} g_1^2 = a_{11}^2 + a_{21}^2 + \cdots + a_{p1}^2 \\ g_2^2 = a_{12}^2 + a_{22}^2 + \cdots + a_{p2}^2 \\ \qquad\cdots \\ g_p^2 = a_{1m}^2 + a_{2m}^2 + \cdots + a_{pm}^2 \end{cases} \tag{4-28}$$

其中，g_j^2 表示第 j 个公共因子 F_j 对 x 的每个分量 x_i 所提供方差的总和，称为公共因子 F_j 对 x 的方差贡献，是衡量公共因子重要性的相对指标，g_j^2 越大，表明 F_j 对 x 的方差贡献越大。一般选用方差累积比例为 80% 作为选取因子数量的标准。

④ 因子载荷矩阵求解

要建立一个关于实际问题的因子分析模型，最重要的是利用因子的样本观测值数据来估计载荷矩阵 $\mathbf{A}$，然后进行因子模型的参数估计。载荷矩阵的估算方法有很多，例如主成分分析法，同时它也是最为常用的求解方法。除此之外，还有最大似然法（Maximum Likelihood Method）、α 因子分析法（Alpha Factoring Method）、加权最小二乘法（Generalized Least Squares）和映象因子提取法（Image Factoring Method）等。本文采用的是主成分分析法。

设 $x = (x_1, x_2, \cdots, x_p)'$ 的平均值是 μ，协方差矩阵为 Σ，Σ 的特征值表示为 $\lambda_1 \geqslant \lambda_2 \geqslant \cdots \geqslant \lambda_p \geqslant 0$，对应的标准化特征向量为：

$$\begin{bmatrix} \gamma_{11} \\ \gamma_{21} \\ \vdots \\ \gamma_{p1} \end{bmatrix}, \begin{bmatrix} \gamma_{12} \\ \gamma_{22} \\ \vdots \\ \gamma_{p2} \end{bmatrix}, \cdots, \begin{bmatrix} \gamma_{1m} \\ \gamma_{2m} \\ \vdots \\ \gamma_{pm} \end{bmatrix}$$

有 $\Sigma = \lambda_1 \gamma_1 \gamma_1' + \lambda_2 \gamma_2 \gamma_2' + \cdots + \lambda_p \gamma_p \gamma_p'$，因此，初始因子载荷矩阵 $\hat{A}$：

$$\hat{A} = \begin{bmatrix} \gamma_{11}\sqrt{\lambda_1} & \gamma_{12}\sqrt{\lambda_2} & \cdots & \gamma_{1m}\sqrt{\lambda_m} \\ \gamma_{21}\sqrt{\lambda_1} & \gamma_{22}\sqrt{\lambda_2} & \cdots & \gamma_{2m}\sqrt{\lambda_m} \\ \gamma_{p1}\sqrt{\lambda_1} & \gamma_{p2}\sqrt{\lambda_2} & \cdots & \gamma_{pm}\sqrt{\lambda_m} \end{bmatrix}$$

对于这样的初始因子载荷矩阵，其第 j 列元素的平方和等于 λ_j，即初始公共因子 F_j 的方差贡献率等于 λ_j。

（4）因子旋转

至此，建立的因子模型还只是一个初始模型，所得的因子并不一定能反映问题的实质特征，它们所代表的实际意义也不一定容易解释，因此需要对因子载荷矩阵进行旋转[46]。经旋转后，F_j 对 x_i 的贡献率并不改变，但是 F_j 本身可能有较大变化，即 g_i^2 发生改变。常用的因子旋转方法有方差最大旋转（varimax）、直接斜交旋转（direct oblilmin）、四次最大正交旋转（quartmax）和平均正交旋转（equamax）等。本研究采用方差最大旋转方法[50, 149-151]。

因子旋转的依据是最大限度的分散因子的贡献率，要求各组数据的方差尽可能大，考虑各列的相对方差：

$$V_a = \frac{1}{p}\sum_{i=1}^{p}\left(\frac{b_{ia}^2}{h_i^2}\right)^2 - \left(\frac{1}{p}\sum_{i=1}^{p}\frac{b_{ia}^2}{h_i^2}\right)^2 = \frac{1}{p^2}\left[p\sum_{i=1}^{p}\left(\frac{b_{ia}^2}{h_i^2}\right)^2 - \left(\sum_{i=1}^{p}\frac{b_{ia}^2}{h_i^2}\right)^2\right]$$

其中，a=1，2，$\cdots$，m；b_{ia} 为等价模型矩阵中的元素。在经过若干次旋转后，当总方差变化不大时，停止旋转。

（5）因子得分函数及因子评价模型

在建立的因子模型中，所有的原始变量均由公共因子和特殊因子的线性关系表示：$x_i = a_{i1}F_1 + a_{i2}F_2 + \cdots + a_{im}F_m + \varepsilon_i$，$i$=1，2，$\cdots$，$p$；公共因子 F_j 则由原始变量的线性关系表示：$F_j = b_{j1}x_1 + b_{j2}x_2 + \cdots + b_{jp}x_p$，$j$=1，2，$\cdots$，$m$，即因子得分，用来计算各公共因子的得分，从而解决公共因子不可测量的问题。

4.4.6 多元统计评价模型实例

（1）设施养殖水质评价数值模型率定的依据

水质评价指标体系是对水质进行准确评价、定量考察和实施相应措施的基本依据。指标体系并不是测量指标的简单集合，而是多项重要指标的有机综合，指标体系的确立既要立足于国内外相关指标，又要结合实际情况，还要根据评价对象的特点和评价范围内水环境污染的特点而定[152]。一个合格的指标体系应该能系统、全面、准确地反映所评价对象的现状，并为相关决策提供科学依据。设施养殖水质指标的建立主要遵循以下原则[137-138]：①系统性原则：明确评价的目的对评价指标体系的建立至关重要。养殖水质评价的目的应该是能够评价水体的综合污染状况，反映水体的污染程度，以达到科学管理和养殖安全的目的。②整体性原则：水质评价应是各相关水质因子有机组合的整体，要求全面考虑与养殖对象健康生长相关的各种因子。③可操作性原则：在保证评价结果可靠的前提下，应选择简单易学的方法，便于实践人员简便快速完成评价过程。④科学性原则：整个评价指标体系的构建，从数据的采集到指标的计算方法，都必须合理、准确、科学。另外，科学性还包括了评价指标的概念和指标体系应具有外延性。

（2）模型率定

我国现行的《渔业水质标准》（GB 11607—89）[119]规定了33项养殖用水指标及其检测方法，但是在实际养殖过程中，很难监测如此多的水质指标，并且设施养殖水质人工控制程度高，人为操作及养殖设施的使用等操作对整个养殖水质影响较大，所以，确定监测方便，并且与养殖生产密切相关的指标是广大养殖户迫切需要的。另外，生产实践证明，在对设施养殖水质进行评价时，一些因子对水质的影响并不显著，由于其在设施养殖水体中微量存在，而且检测难度较大，因此未列入实测因子范围。最后，还应该参照权威部门的建议监测项目进行选择，这样不仅能使评价有所规范，而且使得有关参数有标准可循，使评价结果准确有效[153]。

基于以上原因及实验基本条件，本研究共监测了氨氮等11项水质指标，并通过显著性检验及统计处理，剔除了对水质影响不显著的指标，消除了因子之间的多重共性现象。

所测水质指标相关性如表4-11所示，硝氮与亚硝氮、无机磷和亚硝氮、叶绿素-a 与氨氮和亚硝氮、COD 与硝氮、BOD_5 与硝氮、亚硝氮和 COD 显示出极显著相关，表明这些因子之间有相同的变化趋势；pH 值与 COD 和 BOD_5、水温与亚硝氮、硝氮、COD 和 BOD_5 显示出相反的变化，表明它们之间存在一定的拮抗性。

另外，从表4-11中还可以看出，DO 和浊度与其他水质因子之间的相关关系不显著，这可能是设施养殖的特点所导致的。由于充氧设施的辅助，DO 在整个养殖期间均保持在 5mg/L 以上（6.00～9.25mg/L）。整个养殖周期的 DO 充足，不是水质恶化的主要原因。而浊度的范围为 33.15～45.9，整个周期保持较低的水平，因此浊度对其他水质因子的影响也不显著[154]。

因此，选取氨氮、亚硝氮、硝氮、无机磷、叶绿素-a、COD、BOD_5、pH 值、水温作为对虾设施养殖水质评价系统的评价因子。

表4-11　实验所测水质因子相关关系表

水质因子	数值	氨氮	亚硝氮	硝氮	无机磷	叶绿素-a	COD	BOD$_5$	pH	DO	水温	浊度
氨氮	相关系数											
	P 值											
亚硝氮	相关系数	0.451										
	P 值	0.06										
硝氮	相关系数	0.175	0.725**									
	P 值	0.487	0.001									
无机磷	相关系数	0.304	0.672**	0.377								
	P 值	0.220	0.002	0.123								
叶绿素-a	相关系数	0.718**	0.723**	0.519*	0.321							
	P 值	0.001	0.001	0.027	0.194							
COD	相关系数	-0.148	0.512*	0.605**	0.328	0.356						
	P 值	0.557	0.030	0.008	0.184	0.147						
BOD$_5$	相关系数	0.036	0.606**	0.682**	0.495*	0.329	0.723**					
	P 值	0.886	0.008	0.002	0.037	0.183	0.001					
pH	相关系数	-0.049	-0.473*	-0.573*	-0.466	-0.210	-0.746**	-0.799**				
	P 值	0.847	0.047	0.013	0.051	0.402	0.000	0.000				
DO	相关系数	0.178	0.382	0.174	0.326	0.366	0.207	0.086	-0.031			
	P 值	0.481	0.118	0.490	0.186	0.136	0.409	0.733	0.903			
水温	相关系数	0.061	-0.630**	-0.621**	-0.388	-0.356	-0.647**	-0.692**	0.535*	-0.461		
	P 值	0.812	0.005	0.006	0.111	0.147	0.004	0.001	0.022	0.054		
浊度	相关系数	0.357	0.165	-0.010	0.062	0.217	0.235	0.335	-0.398	0.327	-0.244	
	P 值	0.146	0.512	0.969	0.806	0.387	0.348	0.174	0.101	0.185	0.330	

**表示因子之间差异极显著（$P < 0.01$）。

*表示因子之间差异显著（$P < 0.05$）。

（3）设施养殖水质评价标准的确定

由于养殖品种、养殖模式和养殖环境等诸多因素的不同，导致现今没有一套统一的水质标准来指导生产。我国凡纳滨对虾养殖生产水质标准，一般都是参照传统的中国明对虾（*Fenneropenaeus chinensis*）和斑节对虾（*Penaeus monodon*）养殖模式总结出来的。但由于对虾生理上的不同，其对各水质指标的耐受力也不尽相同。根据我国现行的《渔业水质标准》[119]和相关文献资料[144, 155-156]，总结相关水质标准如表 4-12。

表4-12 各国相关水质标准

因子	WHO（世界卫生组织：饮用水标准）	USEPA（美国环保署：地下水标准）	加拿大养殖水质标准	澳大利亚水质标准（饮用水标准）	中国渔业水质标准
DO			>5	>8.5	>5
pH	6.5～8.5	6.5～8.5	6.5～9	6.5～8.5	7.0～8.5
浊度/NTU	<5	0.5～1	5		
总磷/（mg/L）			0.1		
硝氮/（mg/L）	10	10		10	
亚硝氮/（mg/L）	1	1			
氨氮/（mg/L）	1.5			1.5	≤0.02
BOD₅/（mg/L）		10		3	<5
叶绿素-a/（mg/L）	0.03		0.09		

由表 4-12 可知，由于水体的应用途径不同水质标准存在较大差别，而且由于各水质标准监测对象的侧重点不同，所含指标也不尽相同。通过国内外水质标准的对比，可以看出，国内外水质标准在 pH 值等方面的要求相近或相同，在需氧有机物如 BOD_5 等方面存在一定差别。表 4-12 还表明由于养殖用水特定性，对浊度等因素的要求并不高；但对有机物如氨氮、亚硝氮等因子的含量有较高要求。

本章在确定凡纳滨对虾水质标准时，依据对虾的生理及对环境的适应情况，结合大量实际养殖数据，确定了对虾生存环境质量的评价标准，结果见表 4-13。

表4-13 凡纳滨对虾养殖水环境质量分类标准

因子	I	II	III	IV	V	$\overline{x_i}$
氨氮/（mg/L）	0.02	0.065	0.11	0.155	0.2	0.11
亚硝氮/（mg/L）	0.38	1.38	2.38	3.38	4.38	2.38
硝氮/（mg/L）	1	2	3	4	5	3
无机磷/（mg/L）	0.05	0.2	0.5	1	1.5	0.65
叶绿素-a/（mg/L）	0.01	0.026	0.064	0.16	0.4	0.13
COD/（mg/L）	0.5	1	2	4	8	3.1
BOD₅/（mg/L）	1	2	3	4	5	3
pH	7.7～8.3	7.5～7.69/8.29～8.5	7.3～7.49/8.51～8.7	7～7.29/>8.7	<7/>8.7	7.4/8.5
水温/℃	27	25～26.9/27.1～32	20～24.9/32.1～35	18～19.9/>35	<18/>35	25/32

（4）设施养殖水质评价数值模型数据处理

① 变量归一化处理

为消除量纲的影响，将各水质变量按照式（4-29）、式（4-30）进行归一化处理[45]。对正向型指标，如 DO 等：

$$x'_{ij} = \frac{x_{ij} - \min(x_{ij})}{\max(x_{ij}) - \min(x_{ij})} \times 100 \tag{4-29}$$

对负向型指标，如氨氮等：

$$x'_{ij} = \frac{\max(x_{ij}) - x_{ij}}{\max(x_{ij}) - \min(x_{ij})} \times 100 \tag{4-30}$$

式中，x_{ij} 为第 i 个评价对象对第 j 项水质因子指标的原始值；x'_{ij} 为 x_{ij} 的标准化值；$\max(x_{ij})$ 为 x_{ij} 的最大值；$\min(x_{ij})$ 为 x_{ij} 的最小值。

② 水质评价数值模型的构建

对养殖池塘的水质因子进行因子分析，得到对虾设施养殖水质的主要污染成分及数值评价模型。首先要对参数进行适度性检验，以确定分析的准确性，4 口养殖池塘的水质因子变量的相关系数矩阵见表 4-14~表 4-17。结果显示多个变量之间的相关系数较大，如氨氮与亚硝氮、氨氮与叶绿素-a 等，且其对应的 Sig.值较小，说明这些变量之间存在着较为显著的相关性，有进行因子分析的必要。

抽样适度测定值检验（Kaiser-Meyer-Olkin test，KMO）用于研究变量之间的偏相关性，一般 KMO 统计量大于 0.9 时效果最佳，0.6 以上可以接受，0.5 以下不宜做因子分析，本研究中 4 口实验养殖池塘的 KMO 值分别为 0.709、0.686、0.617 和 0.709，可以做因子分析。

Bartlett's 球形检验的值分别为 103.840、75.173、104.234 和 110.478，自由度均为 36，P 值均<0.05，也就是说，所测池塘水质因子之间的独立性假设不成立，水质因子之间存在较强相关性，4 口池塘的水质均适合因子分析。

表4-14 1#养殖池塘水质相关系数矩阵

因子		氨氮	亚硝氮	硝氮	无机磷	叶绿素-a	COD	BOD₅	pH	水温
相关性	氨氮	1.000	0.451	0.175	0.304	0.718	-0.148	0.036	-0.049	0.061
	亚硝氮	0.451	1.000	0.725	0.672	0.723	0.512	0.606	0.473	-0.630
	硝氮	0.175	0.725	1.000	0.377	0.519	0.605	0.682	-0.573	-0.621
	无机磷	0.304	0.672	0.377	1.000	0.321	0.328	0.495	-0.466	-0.388
	叶绿素-a	0.718	0.723	0.519	0.321	1.000	0.356	0.329	-0.210	-0.356
	COD	-0.148	0.512	0.605	0.328	0.356	1.000	0.723	-0.746	-0.647
	BOD₅	0.036	0.606	0.682	0.495	0.329	0.723	1.000	-0.799	-0.692

因子		氨氮	亚硝氮	硝氮	无机磷	叶绿素-a	COD	BOD$_5$	pH	水温
相关性	pH	−0.049	−0.473	−0.573	−0.466	−0.210	−0.746	−0.799	1.000	0.535
	水温	0.061	−0.630	−0.621	−0.388	−0.356	−0.647	−0.692	0.535	1.000
显著性	氨氮		0.030	0.244	0.110	0.000	0.279	0.443	0.423	0.406
	亚硝氮	0.030		0.000	0.001	0.000	0.015	0.004	0.024	0.003
	硝氮	0.244	0.000		0.061	0.014	0.004	0.001	0.006	0.003
	无机磷	0.110	0.001	0.061		0.097	0.092	0.018	0.026	0.056
	叶绿素-a	0.000	0.000	0.014	0.097		0.073	0.091	0.201	0.073
	COD	0.279	0.015	0.004	0.092	0.073		0.000	0.000	0.002
	BOD$_5$	0.443	0.004	0.001	0.018	0.091	0.000		0.000	0.001
	pH	0.423	0.024	0.006	0.026	0.201	0.000	0.000		0.011
	水温	0.406	0.003	0.003	0.056	0.073	0.002	0.001	0.011	

表4-15 2#养殖池塘水质相关系数矩阵

因子		氨氮	亚硝氮	硝氮	无机磷	叶绿素-a	COD	BOD$_5$	pH	水温
相关性	氨氮	1.000	0.334	0.088	0.286	0.623	−0.161	−0.057	−0.140	0.034
	亚硝氮	0.334	1.000	0.741	0.591	0.617	0.504	0.485	−0.183	−0.668
	硝氮	0.088	0.741	1.000	0.340	0.571	0.602	0.571	−0.237	−0.651
	无机磷	0.286	0.591	0.340	1.000	0.299	0.296	0.414	−0.162	−0.369
	叶绿素-a	0.623	0.617	0.571	0.299	1.000	0.195	0.104	−0.099	−0.247
	COD	−0.161	0.504	0.602	0.296	0.195	1.000	0.729	−0.444	−0.649
	BOD$_5$	−0.057	0.485	0.571	0.414	0.104	0.729	1.000	−0.277	−0.652
	pH	−0.140	−0.183	−0.237	−0.162	−0.099	−0.444	−0.277	1.000	0.072
	水温	0.034	−0.668	−0.651	−0.369	−0.247	−0.649	−0.652	0.072	1.000
显著性	氨氮		0.088	0.365	0.125	0.003	0.261	0.412	0.290	0.447
	亚硝氮	0.088		0.000	0.005	0.003	0.017	0.021	0.233	0.001
	硝氮	0.365	0.000		0.083	0.007	0.004	0.007	0.172	0.002
	无机磷	0.125	0.005	0.083		0.114	0.116	0.044	0.260	0.066
	叶绿素-a	0.003	0.003	0.007	0.114		0.220	0.341	0.348	0.162
	COD	0.261	0.017	0.004	0.116	0.220		0.000	0.032	0.002
	BOD$_5$	0.412	0.021	0.007	0.044	0.341	0.000		0.133	0.002
	pH	0.290	0.233	0.172	0.260	0.348	0.032	0.133		0.388
	水温	0.447	0.001	0.002	0.066	0.162	0.002	0.002	0.388	

表4-16　3#养殖池塘水质相关系数矩阵

因子		氨氮	亚硝氮	硝氮	无机磷	叶绿素-a	COD	BOD₅	pH	水温
相关性	氨氮	1.000	0.639	0.313	0.478	0.686	-0.178	0.095	-0.073	-0.066
	亚硝氮	0.639	1.000	0.722	0.708	0.664	0.410	0.605	-0.391	-0.612
	硝氮	0.313	0.722	1.000	0.376	0.558	0.459	0.693	-0.577	-0.555
	无机磷	0.478	0.708	0.376	1.000	0.323	0.245	0.437	-0.412	-0.411
	叶绿素-a	0.686	0.664	0.558	0.323	1.000	0.355	0.294	-0.220	-0.401
	COD	-0.178	0.410	0.459	0.245	0.355	1.000	0.607	-0.578	-0.646
	BOD₅	0.095	0.605	0.693	0.437	0.294	0.607	1.000	-0.781	-0.679
	pH	-0.073	-0.391	-0.577	-0.412	-0.220	-0.578	-0.781	1.000	0.449
	水温	-0.066	-0.612	-0.555	-0.411	-0.401	-0.646	-0.679	0.449	1.000
显著性	氨氮		0.002	0.103	0.022	0.001	0.239	0.354	0.387	0.397
	亚硝氮	0.002		0.000	0.001	0.001	0.046	0.054	0.004
	硝氮	0.103	0.000		0.062	0.008	0.028	0.001	0.006	0.008
	无机磷	0.022	0.001	0.062		0.096	0.164	0.035	0.045	0.045
	叶绿素-a	0.001	0.001	0.008	0.096		0.074	0.118	0.190	0.049
	COD	0.239	0.046	0.028	0.164	0.074		0.004	0.006	0.002
	BOD₅	0.354	0.004	0.001	0.035	0.118	0.004		0.000	0.001
	pH	0.387	0.054	0.006	0.045	0.190	0.006	0.000		0.031
	水温	0.397	0.004	0.008	0.045	0.049	0.002	0.001	0.031	

表4-17　4#养殖池塘水质相关系数矩阵

因子		氨氮	亚硝氮	硝氮	无机磷	叶绿素-a	COD	BOD₅	pH	水温
相关性	氨氮	1.000	0.480	0.175	0.264	0.831	-0.003	0.090	0.130	0.111
	亚硝氮	0.480	1.000	0.677	0.715	0.714	0.574	0.583	-0.520	-0.584
	硝氮	0.175	0.677	1.000	0.362	0.431	0.625	0.653	-0.585	-0.623
	无机磷	0.264	0.715	0.362	1.000	0.384	0.344	0.481	-0.517	-0.405
	叶绿素-a	0.831	0.714	0.431	0.384	1.000	0.364	0.355	-0.163	-0.251
	COD	-0.003	0.574	0.625	0.344	0.364	1.000	0.734	-0.786	-0.634
	BOD₅	0.090	0.583	0.653	0.481	0.355	0.734	1.000	-0.762	-0.638
	pH	0.130	-0.520	-0.585	-0.517	-0.163	-0.786	-0.762	1.000	0.787
	水温	0.111	-0.584	-0.623	-0.405	-0.251	-0.634	-0.638	0.787	1.000
显著性	氨氮		0.022	0.244	0.145	0.000	0.496	0.361	0.303	0.330
	亚硝氮	0.022		0.001	0.000	0.000	0.006	0.006	0.013	0.005
	硝氮	0.244	0.001		0.070	0.037	0.003	0.002	0.005	0.003
	无机磷	0.145	0.000	0.070		0.058	0.081	0.022	0.014	0.048
	叶绿素-a	0.000	0.000	0.037	0.058		0.069	0.074	0.260	0.158

因子		氨氮	亚硝氮	硝氮	无机磷	叶绿素-a	COD	BOD₅	pH	水温
显著性	COD	0.496	0.006	0.003	0.081	0.069		0.000	0.000	0.002
	BOD₅	0.361	0.006	0.002	0.022	0.074	0.000		0.000	0.002
	pH	0.303	0.013	0.005	0.014	0.260	0.000	0.000		0.000
	水温	0.330	0.005	0.003	0.048	0.158	0.002	0.002	0.000	

对整个养殖期内的水质进行 KMO 检验和 Bartlett's 球形检验，结果见表 4-18。

表4-18　水质影响要素KMO和Bartlett's检验

池塘	抽样适度测定值	球形检验		
		卡方值	自由度	显著性
1#	0.709	103.840	36	0.000
2#	0.686	75.173	36	0.000
3#	0.617	104.234	36	0.000
4#	0.709	110.478	36	0.000

水质因子共同度及主成分提取结果：表 4-19 给出了所测水质因子初始变量的共同度，共同度取值区间为[0，1]。

表4-19　水质因子变量共同度

因子	1#池塘		2#池塘		3#池塘		4#池塘	
	初始值	共同度	初始值	共同度	初始值	共同度	初始值	共同度
氨氮	1.000	0.878	1.000	0.833	1.000	0.919	1.000	0.927
亚硝氮	1.000	0.866	1.000	0.851	1.000	0.892	1.000	0.885
硝氮	1.000	0.757	1.000	0.850	1.000	0.704	1.000	0.731
无机磷	1.000	0.928	1.000	0.927	1.000	0.831	1.000	0.972
叶绿素-a	1.000	0.927	1.000	0.905	1.000	0.911	1.000	0.930
COD	1.000	0.810	1.000	0.851	1.000	0.799	1.000	0.800
BOD₅	1.000	0.831	1.000	0.770	1.000	0.849	1.000	0.755
pH	1.000	0.755	1.000	0.953	1.000	0.747	1.000	0.881
水温	1.000	0.706	1.000	0.808	1.000	0.695	1.000	0.751

以 1#池塘为例，1#池塘氨氮的共同度为 0.878，可以理解为提取的公因子能够解释 1#池塘氨氮的方差为 87.8%，同理可得其他因子共同度的解释。

影响水质的主成分提取结果见表 4-20。表 4-20~表 4-23 给出了每个公因子所解释的方差以及累积和，提取平方和载入一栏表示在未经过旋转时，被提取的公因子可以解释的总方差。最后一栏旋转平方和表示经过因子旋转后的新公因子的方差贡献率，和未经旋转的相比，每个因子的贡献率有变化，但是累积方差不变。

以表 4-20 为例，对 1#池塘来说，前 3 个公因子解释的累积方差已经达到 80% 以上，故而提取这 3 个公因子就能较好地解释原有变量所包含的信息。对 2#池塘来说，前 4 个公因子解释的累积方差为 86.100%，所以提取前 4 个公因子解释原有变量。同理，对 3#和 4#池塘来说，前 3 个公因子解释的累积方差分别为 81.629% 和 84.801%，均在 80% 以上，故 3#和 4#池塘提取的公因子数目均为 3 个。

图 4-1 是实验的 4 口池塘的初始特征值（方差贡献）的碎石图。碎石图是按照特征值降序排列的点，以图 4-1（a）为例，可以看出，图 4-1（a）中第 3 个公因子后的特征值变化趋缓，故选取 3 个公因子较为恰当。

表 4-20　1#池塘的方差解释表

成分	初始特征值			提取平方和载入			旋转平方和载入		
	合计	方差/%	累积/%	合计	方差/%	累积/%	合计	方差/%	累积/%
1	4.903	54.481	54.481	4.903	54.481	54.481	3.879	43.102	43.102
2	1.799	19.988	74.469	1.799	19.988	74.469	2.250	25.002	68.103
3	0.754	8.375	82.843	0.754	8.375	82.843	1.327	14.740	82.843
4	0.559	6.212	89.055						
5	0.357	3.968	93.023						
6	0.302	3.354	96.377						
7	0.168	1.862	98.239						
8	0.105	1.171	99.410						
9	0.053	0.590	100.000						

提取方法：主成分分析；第一列中的数值代表了提取的主成分序号。

表 4-21　2#池塘的方差解释表

成分	初始特征值			提取平方和载入			旋转平方和载入		
	合计	方差/%	累积/%	合计	方差/%	累积/%	合计	方差/%	累积/%
1	4.169	46.326	46.326	4.169	46.326	46.326	3.378	37.536	37.536
2	1.770	19.664	65.991	1.770	19.664	65.991	2.203	22.475	60.010
3	1.032	11.470	77.460	1.032	11.470	77.460	1.186	13.177	73.187
4	0.778	8.640	86.100	0.778	8.640	86.100	1.162	12.913	86.100
5	0.423	4.701	90.801						
6	0.315	3.506	94.306						
7	0.248	2.753	97.059						
8	0.157	1.741	98.799						
9	0.108	1.201	100.000						

提取方法：主成分分析；第一列中的数值代表了提取的主成分序号。

表4-22 3#池塘的方差解释表

成分	初始特征值			提取平方和载入			旋转平方和载入		
	合计	方差/%	累积/%	合计	方差/%	累积/%	合计	方差/%	累积/%
1	4.752	52.795	52.795	4.752	52.795	52.795	3.385	37.614	37.614
2	1.799	19.991	72.786	1.799	19.991	72.786	2.376	26.404	64.018
3	0.796	8.843	81.629	0.796	8.843	81.629	1.585	17.611	81.629
4	0.622	6.912	88.541						
5	0.438	4.872	93.413						
6	0.279	3.095	96.508						
7	0.169	1.875	98.383						
8	0.106	1.179	99.562						
9	0.039	0.438	100.000						

提取方法：主成分分析；第一列中的数值代表了提取的主成分序号。

表4-23 4#池塘的方差解释表

成分	初始特征值			提取平方和载入			旋转平方和载入		
	合计	方差/%	累积/%	合计	方差/%	累积/%	合计	方差/%	累积/%
1	4.945	54.939	54.939	4.945	54.939	54.939	3.945	43.831	43.831
2	1.961	21.786	76.725	1.961	21.786	76.725	2.285	25.388	69.220
3	0.727	8.076	84.801	0.727	8.076	84.801	1.402	15.582	84.801
4	0.440	4.893	89.695						
5	0.351	3.905	93.600						
6	0.270	2.999	96.599						
7	0.166	1.842	98.441						
8	0.087	0.963	99.404						
9	0.054	0.596	100.000						

提取方法：主成分分析；第一列中的数值代表了提取的主成分序号。

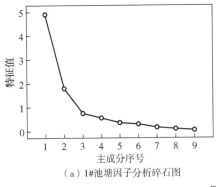
（a）1#池塘因子分析碎石图

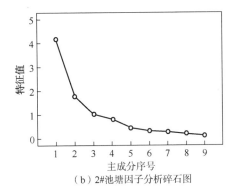
（b）2#池塘因子分析碎石图

图4-1

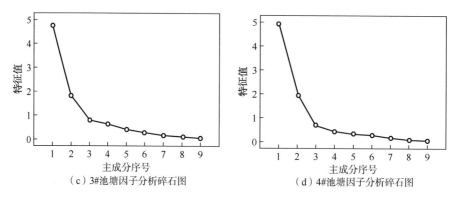

图4-1 因子分析碎石图

各水质因子对主成分的影响分析：为了分析 4 口池塘的水质因子变化特征，对初始因子载荷矩阵进行旋转，得到旋转载荷矩阵。实验的 4 口养殖池对主成分的影响见表 4-24。表 4-24 分别列举了实验因子旋转前后的因子载荷矩阵。可以看出，旋转过后的每个公因子上的载荷分配更清晰，因而比未旋转时更容易解释各因子的意义。

以 1#池塘为例，第 1 公因子最能代表 COD、BOD_5 和水温这 3 个变量；第 2 因子更适合代表氨氮和叶绿素-a 两个变量；第 3 公因子则对无机磷负载较高。

表4-24 1#池塘的各水质因子对主成分的影响分析

因子	因子载荷矩阵			旋转后的因子载荷矩阵		
氨氮	0.281	0.892	0.046	−0.203	0.883	0.239
亚硝氮	0.871	0.326	0.030	0.564	0.635	0.382
硝氮	0.830	−0.019	−0.260	0.774	0.392	0.063
无机磷	0.649	0.184	0.688	0.262	0.247	0.893
叶绿素-a	0.633	0.646	−0.329	0.313	0.910	−0.004
COD	0.781	−0.411	−0.176	0.896	0.008	0.082
BOD_5	0.860	−0.295	0.071	0.838	0.077	0.351
pH	−0.774	0.344	−0.192	−0.756	0.033	−0.426
水温	−0.779	0.266	0.170	−0.823	−0.132	−0.102

提取方法：主成分分析。旋转方法：具有 Kaiser 标准化的正交旋转法。旋转在 5 次迭代后收敛。

由表 4-25 可知，在 2#池塘中，第 1 公因子最能代表硝氮、COD 和水温这 3 个变量；第 2 公因子代表氨氮和叶绿素-a 这两个变量；第 3 公因子对 pH 的负载最高；而第 4 公因子则对无机磷的负载较高。

由表 4-26 和表 4-27 可知，在 3#池塘中，第 1 公因子最能代表 BOD_5 和 COD 这 2 个变量；第 2 公因子代表氨氮和叶绿素-a 两个变量；第 3 公因子则对无机磷的负载较高；在 4#池塘中，第 1 公因子最能代表 COD、BOD_5、pH 和水温这 4 个变量；第

2 公因子代表氨氮和叶绿素-a 这两个变量；第 3 公因子对无机磷的负载最高。

表4-25 2#池塘的各水质因子对主成分的影响分析

因子	因子载荷矩阵				旋转后的因子载荷矩阵			
氨氮	0.239	0.853	−0.204	0.081	−0.224	0.828	0.124	0.287
亚硝氮	0.875	0.240	0.164	0.024	0.675	0.525	−0.009	0.347
硝氮	0.852	−0.008	0.124	−0.330	0.828	0.397	0.074	−0.031
无机磷	0.611	0.207	0.017	0.715	0.272	0.210	0.053	0.898
叶绿素-a	0.573	0.683	0.045	−0.329	0.286	0.907	−0.006	−0.011
COD	0.768	−0.462	−0.186	−0.117	0.819	−0.084	0.412	0.066
BOD$_5$	0.753	−0.420	−0.028	0.160	0.766	−0.135	0.238	0.328
pH	−0.365	0.102	0.898	0.052	−0.134	−0.093	−0.962	−0.048
水温	−0.793	0.273	−0.322	0.024	−0.870	−0.048	0.105	−0.195

提取方法：主成分分析。旋转方法：具有 Kaiser 标准化的正交旋转法。旋转在 5 次迭代后收敛。

表4-26 3#池塘的各水质因子对主成分的影响分析

因子	因子载荷矩阵			旋转后的因子载荷矩阵		
氨氮	0.443	0.849	−0.049	−0.220	0.834	0.418
亚硝氮	0.882	0.335	−0.033	0.436	0.684	0.483
硝氮	0.828	−0.017	0.136	0.655	0.469	0.235
无机磷	0.664	0.271	−0.562	0.203	0.295	0.838
叶绿素-a	0.668	0.479	0.486	0.295	0.907	−0.032
COD	0.658	−0.532	0.288	0.887	0.066	−0.082
BOD$_5$	0.828	−0.372	−0.157	0.819	0.078	0.416
pH	−0.706	0.405	0.291	−0.720	0.067	−0.473
水温	−0.766	0.279	−0.173	−0.783	−0.259	−0.120

提取方法：主成分分析。旋转方法：具有 Kaiser 标准化的正交旋转法。旋转在 7 次迭代后收敛。

表4-27 4#池塘的各水质因子对主成分的影响分析

因子	因子载荷矩阵			旋转后的因子载荷矩阵		
氨氮	0.283	0.915	0.101	−0.129	0.948	0.108
亚硝氮	0.869	0.328	−0.145	0.542	0.577	0.509
硝氮	0.802	−0.048	0.292	0.789	0.327	0.047
无机磷	0.670	0.166	−0.704	0.266	0.217	0.924
叶绿素-a	0.604	0.727	0.194	0.253	0.921	0.132
COD	0.813	−0.274	0.253	0.884	0.118	0.065
BOD$_5$	0.840	−0.208	0.080	0.823	0.143	0.241
pH	−0.818	0.453	0.084	−0.859	0.126	−0.358
水温	−0.784	0.368	−0.018	−0.826	0.036	−0.260

提取方法：主成分分析。旋转方法：具有 Kaiser 标准化的正交旋转法。旋转在 4 次迭代后收敛。

经过上述分析，根据各个水质因子的特点，可以归纳出影响凡纳滨对虾设施养殖水质变化的公因子的特点，可以将第一个公因子解释为有机物和物理因子，因为它主要代表了水体有机污染物 COD、BOD$_5$ 和物理因子 pH 值、水温两组变量，该主成分反映了水体的有机物污染程度和环境条件的表达；把第二公因子解释为限制生长的毒性因素，因为第二公因子代表了水体中氨氮和叶绿素-a 两个变量，氨氮或者叶绿素-a 浓度过高，都会对对虾产生毒害作用[156-157]；最后，把第三个公因子解释为富营养化因素，因为水体富营养化的主要标志就是水体中的氮和磷含量，因此，该主成分反映了水体的富营养化程度。

（5）设施养殖水质评价数值模型建立

在以上分析的基础上，得出因子得分系数矩阵，结果见表 4-28。并由此可得实验涉及的 4 口养殖池塘的因子评价模型。

表4-28　成分得分系数矩阵

因子	1#池塘			2#池塘				3#池塘			4#池塘		
	成分			成分				成分			成分		
	1	2	3	1	2	3	4	1	2	3	1	2	3
氨氮	-0.205	0.441	0.129	-0.226	0.426	0.131	0.191	-0.243	0.371	0.196	-0.111	0.474	-0.059
亚硝氮	0.051	0.221	0.120	0.154	0.184	-0.129	0.120	0.011	0.215	0.157	0.011	0.164	0.268
硝氮	0.242	0.150	-0.257	0.301	0.186	-0.055	-0.329	0.172	0.156	-0.077	0.275	0.140	-0.305
无机磷	-0.193	-0.095	0.902	-0.129	-0.100	-0.040	0.923	-0.141	-0.124	0.711	-0.233	-0.120	0.946
叶绿素-a	0.059	0.481	-0.319	0.063	0.509	-0.050	-0.288	0.064	0.535	-0.415	0.026	0.444	-0.159
COD	0.307	-0.073	-0.181	0.252	-0.114	0.256	-0.123	0.367	0.009	-0.320	0.311	0.024	-0.266
BOD$_5$	0.198	-0.096	0.134	0.197	-0.199	0.089	0.213	0.219	-0.150	0.203	0.224	-0.005	-0.043
pH	-0.152	0.169	-0.273	0.108	-0.032	-0.870	0.049	-0.176	0.250	-0.336	-0.203	0.175	-0.149
水温	-0.266	0.005	0.166	-0.311	0.068	0.239	-0.011	-0.264	-0.062	0.154	-0.223	0.103	-0.023

对 1#池塘，其因子评价模型公式为：

$F_1 = -0.205 \times$ 氨氮浓度 $+ 0.051 \times$ 亚硝氮浓度 $+ 0.242 \times$ 硝氮浓度 $- 0.193 \times$ 无机磷浓度 $+ 0.059 \times$ 叶绿素-a浓度 $+ 0.307 \times$ COD浓度 $+ 0.198 \times$ BOD$_5$浓度 $- 0.152 \times$ pH $- 0.266 \times$ 水温

$F_2 = 0.441 \times$ 氨氮浓度 $+ 0.221 \times$ 亚硝氮浓度 $+ 0.15 \times$ 硝氮浓度 $- 0.095 \times$ 无机磷浓度 $+ 0.481 \times$ 叶绿素-a浓度 $- 0.073 \times$ COD浓度 $- 0.096 \times$ BOD$_5$浓度 $+ 0.169 \times$ pH $+ 0.005 \times$ 水温

$F_3 = 0.129 \times$ 氨氮浓度 $+ 0.12 \times$ 亚硝氮浓度 $- 0.257 \times$ 硝氮浓度 $+ 0.902 \times$ 无机磷浓度 $- 0.319 \times$ 叶绿素-a浓度 $- 0.181 \times$ COD浓度 $+ 0.134 \times$ BOD$_5$浓度 $- 0.273 \times$ pH $+ 0.166 \times$ 水温

同样，对 2#池塘，其因子评价模型公式为：

$F_1 = -0.226 \times$ 氨氮浓度 $+ 0.154 \times$ 亚硝氮浓度 $+ 0.301 \times$ 硝氮浓度 $- 0.129 \times$ 无机磷浓度 $+ 0.063 \times$ 叶绿素-a浓度 $+ 0.252 \times$ COD浓度 $+ 0.197 \times$ BOD$_5$浓度 $+ 0.108 \times$ pH $- 0.311 \times$ 水温

$F_2 = 0.426 \times$ 氨氮浓度 $+ 0.184 \times$ 亚硝氮浓度 $+ 0.186 \times$ 硝氮浓度 $- 0.1 \times$ 无机磷浓度 $+ 0.509 \times$ 叶绿素-a浓度 $- 0.114 \times$ COD浓度 $- 0.199 \times$ BOD$_5$浓度 $- 0.032 \times$ pH $+ 0.068 \times$ 水温

$F_3 = 0.131 \times$ 氨氮浓度 $- 0.129 \times$ 亚硝氮浓度 $- 0.055 \times$ 硝氮浓度 $- 0.04 \times$ 无机磷浓度 $- 0.05 \times$ 叶绿素-a浓度 $+ 0.256 \times$ COD浓度 $+ 0.089 \times$ BOD$_5$浓度 $- 0.87 \times$ pH $+ 0.239 \times$ 水温

$F_4 = 0.191 \times$ 氨氮浓度 $+ 0.120 \times$ 亚硝氮浓度 $- 0.329 \times$ 硝氮浓度 $+ 0.923 \times$ 无机磷浓度 $- 0.288 \times$ 叶绿素-a浓度 $- 0.123 \times$ COD浓度 $+ 0.213 \times$ BOD$_5$浓度 $+ 0.049 \times$ pH $- 0.011 \times$ 水温

3#池塘的因子评价模型公式为：

$F_1 = -0.243 \times$ 氨氮浓度 $+ 0.011 \times$ 亚硝氮浓度 $+ 0.172 \times$ 硝氮浓度 $- 0.141 \times$ 无机磷浓度 $+ 0.064 \times$ 叶绿素-a浓度 $+ 0.367 \times$ COD浓度 $+ 0.219 \times$ BOD$_5$浓度 $- 0.176 \times$ pH $- 0.264 \times$ 水温

$F_2 = 0.371 \times$ 氨氮浓度 $+ 0.215 \times$ 亚硝氮浓度 $+ 0.156 \times$ 硝氮浓度 $- 0.124 \times$ 无机磷浓度 $+ 0.535 \times$ 叶绿素-a浓度 $+ 0.009 \times$ COD浓度 $- 0.15 \times$ BOD$_5$浓度 $+ 0.25 \times$ pH $- 0.062 \times$ 水温

$F_3 = 0.196 \times$ 氨氮浓度 $+ 0.157 \times$ 亚硝氮浓度 $- 0.077 \times$ 硝氮浓度 $+ 0.711 \times$ 无机磷浓度 $- 0.415 \times$ 叶绿素-a浓度 $- 0.32 \times$ COD浓度 $+ 0.203 \times$ BOD$_5$浓度 $- 0.336 \times$ pH $+ 0.154 \times$ 水温

4#池塘的因子评价模型公式为：

$F_1 = -0.111 \times$ 氨氮浓度 $+ 0.011 \times$ 亚硝氮浓度 $+ 0.275 \times$ 硝氮浓度 $- 0.233 \times$ 无机磷浓度 $+ 0.026 \times$ 叶绿素-a浓度 $+ 0.311 \times$ COD浓度 $+ 0.224 \times$ BOD$_5$浓度 $- 0.203 \times$ pH $- 0.223 \times$ 水温

$F_2 = 0.474 \times$ 氨氮浓度 $+ 0.164 \times$ 亚硝氮浓度 $+ 0.14 \times$ 硝氮浓度 $- 0.12 \times$ 无机磷浓度 $+ 0.444 \times$ 叶绿素-a浓度 $+ 0.024 \times$ COD浓度 $- 0.005 \times$ BOD$_5$浓度 $+ 0.175 \times$ pH $+ 0.103 \times$ 水温

$F_3 = -0.059 \times$ 氨氮浓度 $+ 0.268 \times$ 亚硝氮浓度 $- 0.305 \times$ 硝氮浓度 $+ 0.946 \times$ 无机磷浓度 $- 0.159 \times$ 叶绿素-a浓度 $- 0.266 \times$ COD浓度 $- 0.043 \times$ BOD$_5$浓度 $- 0.149 \times$ pH $- 0.023 \times$ 水温

因子模型虽然能够准确表达养殖周期内水质的污染状况，但是并不是一个综合评价水质状况的模型[158-160]。在实际生产中，需要得出评价对象的综合得分，便于对养殖池塘的水质做出综合评价。本部分采用加权计算的方法来对水质进行综合评价，评价模型为：

$$zF = W_1 \times F_1 + W_2 \times F_2 + \cdots + W_n \times F_n \qquad (4\text{-}31)$$

至此，可以得到本实验条件下，凡纳滨对虾设施养殖水质评价的一般模型：

$$zF = W_1 \times F_1 + W_2 \times F_2 + \cdots + W_3 \times F_3 \qquad (4\text{-}32)$$

$$F_1 = a_{11} \times \frac{\max(x_{\text{TAN}}) - x_{\text{TAN}}}{\max(x_{\text{TAN}}) - \min(x_{\text{TAN}})} + a_{12} \times \frac{\max(x_{\text{NO}_2-\text{N}}) - x_{x_{\text{NO}_2-\text{N}}}}{\max(x_{x_{\text{NO}_2-\text{N}}}) - \min(x_{x_{\text{NO}_2-\text{N}}})} + a_{13} \times$$

$$\frac{\max(x_{\text{NO}_3-\text{N}}) - x_{\text{NO}_3-\text{N}}}{\max(x_{\text{NO}_3-\text{N}}) - \min(x_{\text{NO}_3-\text{N}})} + a_{14} \times \frac{\max(x_{\text{DIP}}) - x_{\text{DIP}}}{\max(x_{\text{DIP}}) - \min(x_{\text{DIP}})} + a_{15} \times$$

$$\frac{\max(x_{\text{chl-a}}) - x_{\text{chl-a}}}{\max(x_{\text{chl-a}}) - \min(x_{\text{chl-a}})} + a_{16} \times \frac{\max(x_{\text{COD}}) - x_{\text{COD}}}{\max(x_{\text{COD}}) - \min(x_{\text{COD}})} + a_{17} \times$$

$$\frac{\max(x_{\text{BOD}_5}) - x_{\text{BOD}_5}}{\max(x_{\text{BOD}_5}) - \min(x_{\text{BOD}_5})} + a_{18} \times \frac{x_{\text{pH}} - \min(x_{\text{pH}})}{\max(x_{\text{pH}}) - \min(x_{\text{pH}})} + a_{19} \times$$

$$\frac{x_t - \min(x_t)}{\max(x_t) - \min(x_t)}$$

$$F_2 = a_{21} \times \frac{\max(x_{\text{TAN}}) - x_{\text{TAN}}}{\max(x_{\text{TAN}}) - \min(x_{\text{TAN}})} + a_{22} \times \frac{\max(x_{\text{NO}_2-\text{N}}) - x_{x_{\text{NO}_2-\text{N}}}}{\max(x_{x_{\text{NO}_2-\text{N}}}) - \min(x_{x_{\text{NO}_2-\text{N}}})} + a_{23} \times$$

$$\frac{\max(x_{\text{NO}_3-\text{N}}) - x_{\text{NO}_3-\text{N}}}{\max(x_{\text{NO}_3-\text{N}}) - \min(x_{\text{NO}_3-\text{N}})} + a_{24} \times \frac{\max(x_{\text{DIP}}) - x_{\text{DIP}}}{\max(x_{\text{DIP}}) - \min(x_{\text{DIP}})} + a_{25} \times$$

$$\frac{\max(x_{\text{chl-a}}) - x_{\text{chl-a}}}{\max(x_{\text{chl-a}}) - \min(x_{\text{chl-a}})} + a_{26} \times \frac{\max(x_{\text{COD}}) - x_{\text{COD}}}{\max(x_{\text{COD}}) - \min(x_{\text{COD}})} + a_{27} \times$$

$$\frac{\max(x_{\text{BOD}_5}) - x_{\text{BOD}_5}}{\max(x_{\text{BOD}_5}) - \min(x_{\text{BOD}_5})} + a_{28} \times \frac{x_{\text{pH}} - \min(x_{\text{pH}})}{\max(x_{\text{pH}}) - \min(x_{\text{pH}})} + a_{29} \times$$

$$\frac{x_t - \min(x_t)}{\max(x_t) - \min(x_t)}$$

$$F_3 = a_{31} \times \frac{\max(x_{\text{TAN}}) - x_{\text{TAN}}}{\max(x_{\text{TAN}}) - \min(x_{\text{TAN}})} + a_{32} \times \frac{\max(x_{\text{NO}_2-\text{N}}) - x_{x_{\text{NO}_2-\text{N}}}}{\max(x_{x_{\text{NO}_2-\text{N}}}) - \min(x_{x_{\text{NO}_2-\text{N}}})} + a_{33} \times$$

$$\frac{\max(x_{\text{NO}_3-\text{N}}) - x_{\text{NO}_3-\text{N}}}{\max(x_{\text{NO}_3-\text{N}}) - \min(x_{\text{NO}_3-\text{N}})} + a_{34} \times \frac{\max(x_{\text{DIP}}) - x_{\text{DIP}}}{\max(x_{\text{DIP}}) - \min(x_{\text{DIP}})} + a_{35} \times$$

$$\frac{\max\left(x_{\text{chl-a}}\right)-x_{\text{chl-a}}}{\max\left(x_{\text{chl-a}}\right)-\min\left(x_{\text{chl-a}}\right)}+a_{36}\times\frac{\max\left(x_{\text{COD}}\right)-x_{\text{COD}}}{\max\left(x_{\text{COD}}\right)-\min\left(x_{\text{COD}}\right)}+a_{37}\times$$

$$\frac{\max\left(x_{\text{BOD}_5}\right)-x_{\text{BOD}_5}}{\max\left(x_{\text{BOD}_5}\right)-\min\left(x_{\text{BOD}_5}\right)}+a_{38}\times\frac{x_{\text{pH}}-\min\left(x_{\text{pH}}\right)}{\max\left(x_{\text{pH}}\right)-\min\left(x_{\text{pH}}\right)}+a_{39}\times$$

$$\frac{x_t-\min\left(x_t\right)}{\max\left(x_t\right)-\min\left(x_t\right)}$$

式中，W_1 为第一公因子的权重；W_2 为第二公因子的权重；W_3 为第三公因子的权重；a_{ij} 为评价因子在公因子上的成分负载；x_i 为因子的实测浓度；$\max(x_i)$ 为水质标准允许的最大值；$\max(x_i)$ 为水质标准允许的最小值；F_1 为第一公因子的得分；F_2 为第二公因子的得分；F_3 为第三公因子的得分。

（6）水质评价模型的实际应用

① 对虾设施养殖水质评价级别：本例中凡纳滨对虾水质标准的确定，是在大量实际养殖数据基础上，以对虾的生理及对环境的适应情况为依据，并参考了《渔业水质标准》（GB 11607—89）和不同国家的水质标准，结果见表 4-29。

以氨氮、亚硝氮、硝氮、无机磷、叶绿素-a、COD、BOD_5、pH 和水温为评价因子，建立因子集合 U，并根据相应标准划分的水质级别确定评价集 V，则有 U={氨氮、亚硝氮、硝氮、无机磷、叶绿素-a、COD、BOD_5、pH、水温}，V={Ⅰ类、Ⅱ类、Ⅲ类、Ⅳ类、Ⅴ类}，污染程度相应为优（Ⅰ）、良（Ⅱ）、中（Ⅲ）、差（Ⅳ）、劣（Ⅴ），具体级别见表 4-29。

表4-29　水质评价级别

综合得分 zF	水质状态	评价级别
≤0.1	劣	Ⅴ
0.1 < zF ≤0.2	差	Ⅳ
0.2 < zF ≤0.3	中	Ⅲ
0.3 < zF ≤0.4	良	Ⅱ
> 0.4	优	Ⅰ

② 水质评价数值模型应用：对 2010 年实验的 4 口池塘的水质因子进行分析，得到最后的得分和评价情况。图 4-2 是 4 口实验养殖池 2010 年整个周期的水质主因子得分。

以 1#养殖池为例，由图 4-2（a）可知，9 月 23 日因子 2 得分最高，即氨氮和叶绿素-a 含量最高；10 月 14 日因子 1 得分最高，也就是水体中 COD 和 BOD_5 含量最高、pH 和水温条件最低；10 月 21 日因子 3 得分最高，即无机磷的含量最高。

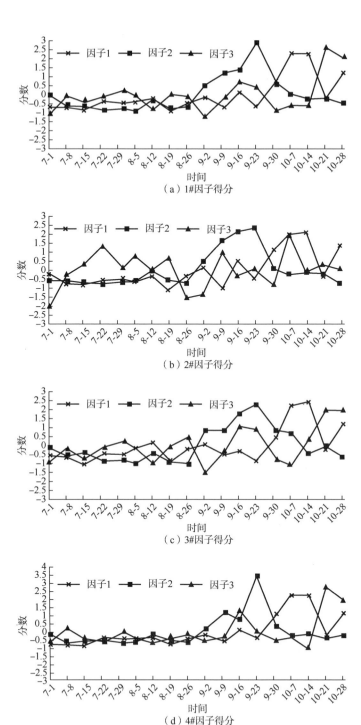

图4-2　养殖池在整个养殖周期的主因子得分曲线

　设施水产养殖水质综合评价与预警方法

由实际监测可知，9 月 23 日 1#养殖池的无机磷、氨氮、叶绿素-a、COD、BOD$_5$、pH 和水温的值分别为 0.86mg/L，0.99mg/L、0.33mg/L、4.71mg/L、7.93mg/L、7.83 和 29.3℃；10 月 14 日 1#养殖池的无机磷、氨氮、叶绿素-a、COD、BOD$_5$、pH 和水温的值分别为 0.40mg/L，0.04mg/L、0.10mg/L、13.00mg/L、13.25mg/L、7.32 和 21.7℃；10 月 21 日 1#养殖池的无机磷、氨氮、叶绿素-a、COD、BOD$_5$、pH 和水温的值分别为 1.80mg/L，0.31mg/L、0.10mg/L、8.18mg/L、8.14mg/L、7.52 和 24.4℃。

可见，1#养殖池 9 月 23 日的氨氮和叶绿素-a 含量要远高于 7 月 8 日和 10 月 14 日，不仅如此，从图 4-2（a）中还可以看出，9 月 23 日因子 2 的得分是整个养殖周期中最高的一次，而实际测量数据显示，其氨氮和叶绿素-a 含量是整个实验周期中最高的一天，与分析结果相符。同样，10 月 14 日的 COD、BOD$_5$ 的含量与另外两天相比大得多，图 4-2（a）显示因子 3 在 10 月 14 日的得分最高，实际测量数据显示，其 COD 和 BOD$_5$ 含量是整个实验周期中最高的一天，与分析结果相符；而本次测量的 pH 和水温，除了低于 10 月 21 日的之外，是整个周期中最低的，但 10 月 21 日的无机磷含量（1.80mg/L）远高于 10 月 14 日，因此，10 月 21 日因子 3 的得分最高，这不仅说明了因子分析模型的准确性，而且表明了水体因子之间存在着复杂的相互关系。

但是，仅靠因子分析模型并不能对水质进行综合评价，在实际生产中，需要得出评价对象的综合得分。因此，基于上述分析，由公式（4-31）得到 4 口养殖池的综合评价模型为：

$$zF_1 = W_{11} \times F_{11} + W_{12} \times F_{12} + W_{13} \times F_{13} \qquad (4\text{-}33)$$

$$zF_2 = W_{21} \times F_{21} + W_{22} \times F_{22} + W_{23} \times F_{23} + W_{24} \times F_{24} \qquad (4\text{-}34)$$

$$zF_3 = W_{31} \times F_{31} + W_{32} \times F_{32} + W_{33} \times F_{33} \qquad (4\text{-}35)$$

$$zF_4 = W_{41} \times F_{41} + W_{42} \times F_{42} + W_{43} \times F_{43} \qquad (4\text{-}36)$$

其中，主因子的权重取其方差贡献率，4 口养殖池主因子的权重见表 4-30。

表4-30 实验养殖池主因子权重

因子	1#	2#	3#	4#
W_1	0.4310	0.3754	0.3761	0.4383
W_2	0.2500	0.2248	0.2640	0.2539
W_3	0.1474	0.1318	0.1761	0.1558
W_4		0.1291		

所以，由公式（4-32），得到 4 口养殖池的综合评价模型为：

$$zF_1 = 0431 \times F_{11} + 0.25 \times F_{12} + 0.1474 \times F_{13} \tag{4-37}$$

$$zF_2 = 0.3754 \times F_{21} + 0.2248 \times F_{22} + 0.1318 \times F_{23} + 0.1291 \times F_{24} \tag{4-38}$$

$$zF_3 = 0.3761 \times F_{31} + 0.264 \times F_{32} + 0.1761 \times F_{33} \tag{4-39}$$

$$zF_4 = 0.4383 \times F_{41} + 0.2539 \times F_{42} + 0.1558 \times F_{43} \tag{4-40}$$

由公式（4-32）、公式（4-37）～公式（4-40）可得养殖池塘水质综合评价得分，4 口养殖池在整个实验期间的水质综合评价得分见图 4-3。

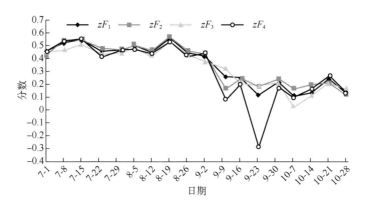

图4-3 整个实验期间的水质综合评价得分

由图 4-3 可知实验期间各养殖池水质的综合情况。在养殖前半段时间（7 月 1 日～9 月 2 日），实验池塘水质的评价得分均大于 0.4，即实验前期水质状况优，水质适宜对虾生长。

通过对实测数据的观察，养殖前期水质各因子的数值，绝大部分均在水质标准要求的范围之内，有超过范围的如 7 月 8 日 2#养殖池的氨氮为 0.06mg/L，但由于其他水质因子状况较好，因此水质状况评价结果为优，这反映了本模型能够充分考虑各水质因子对水质的综合影响，能够客观地反映水质的真实状况。

在养殖后期，水质较前期恶化明显，如 9 月 23 日的 4#池塘，其综合得分为−0.29，水质级别恶劣。实测数据显示，9 月 23 日 4#养殖池的氨氮含量为 1.56mg/L，大大超过对虾对氨氮的耐受极限，即使其他因子的含量在标准范围之内，如亚硝氮、硝氮等，但是由于氨氮含量超标严重，因此水质评价结果为劣，这不仅证明了本模型能够综合反映水质因子之间的相互关系，还证明了在某一指标特别恶化的情况下，本模型依然能够对水质做出准确评价，弥补了以往评价方法必须结合单因子评价方法的不足。

4.5 小结

本章主要介绍了包括单因子评价法、综合指数法、模糊评价法和因子分析法在内的几种常用水质评价方法的原理及实例。对实测的 11 项因子进行显著性检验及统计处理，挑选了氨氮、亚硝氮、硝氮、无机磷、叶绿素-a、COD、BOD$_5$、pH 和水温等作为设施养殖水质评价系统的评价因子。以实测数据为基础，结合《渔业水质标准》和国内外相关文献，确定了凡纳滨对虾养殖水环境质量分类标准。根据各种不同的方法分别建立了凡纳滨对虾设施养殖水质评价数值模型，并对模型进行了实际应用，结果显示，基于多元统计的水质因子分析评价模型不仅能够综合反映水质因子之间的相互关系，还能够在某一指标特别恶化对水质做出准确评价，弥补了以往评价方法必须结合单因子评价方法的不足。

第5章

设施养殖
水质预测模型

养殖水体的预测是养殖的一个重要问题，掌握水质未来变化的趋势，一直是养殖从业者和研究人员极其关心的课题。目前的手段和技术还达不到监测所有水质因子的能力，因此，对养殖条件下的水质未来状况进行预判，是避免险情发生的重要环节。水质预测是在水质评价基础上进行的，一般常用的预测模型有两种[161-163]：一种是以水文数学模型为基础进行水质预测，它是在假设参数之间符合线性关系的条件下，通过结构化数学模型或经验模型来近似代替被模拟的对象。从前面几章的内容可知，影响水质变化的因素及其变化，是可以用数学的量进行表示的，同时，对于这些水质因子之间的非线性复杂关系，也是很难通过直观的方法进行观察和分析的。所以通过水文数学模型较难对设施养殖条件下的水质进行精确的预测，预测误差大[53]。对于各因素关系复杂的系统，另一种常用的技术是以人工神经网络为手段来进行识别和分析[63]。

5.1　人工神经网络用于养殖水质预测的可行性

人工神经网络（ANNs）是通过大量简单相连的人工神经元，组合模拟人脑神经细胞的隐层计算单元，能有效地拟合输入变量和目标变量之间的关系[72]。它能够模拟非线性、动态的系统，尤其适合模拟未完全掌握其变化规律的数据序列。水质预测过程可认为是一种复杂非线性函数关系的逼近过程，要对其进行准确的预报，就必须采用能捕捉非线性变化规律的预报方法[65-66]。BP 神经网络（Back-propagation Neural Net-Works，BPNN）是由 Rumelhart 和 Mc-Celland 为首的科学小组在 1986 年提出，是目前应用最广泛的神经网络模型之一[52-54]。它是基于误差反向传播算法的多层前向神经网络，具有较强的记忆力和学习能力，能实现输入和输出之间的任意非线性映射的能力，并且可以进行高维非线性的精确映射，已经被广泛应用于环境水质方面[49-52]。因此，本研究根据 BP 神经网络的原理，建立了凡纳滨对虾设施养殖水质预测模型。

5.2　BP 神经网络的建立

5.2.1　BP 神经网络的原理

BP 神经网络具有三层或三层以上的层次结构，其基本原理是利用输出后的误差来估计直接前导层的误差，再用这个误差估计更前一层的误差，如此一层一层反传下去，就获得了所有其他各层的误差估计[50-51]。BP 网络层间各神经元实现全连接，而每层神经元之间各不相连，由 2 个过程构成：网络通过学习来调整神经元的连接权值和阈值，输入信号由输入层到输出层传递，通过非线性函数的复合来完成从 n 维空间子集到 m 维空间子集的映射，这是网络的前向过程；如果输出层不能得到期望的输出信号，网络就转入误差反向传播过程，并根据误差的大小来调节各层结点的连接权值，直到误差满足所需要求，网络的学习过程结束，这是网络的误差反传过程[49-52]。

5.2.2　BP 神经网络的结构

BP 神经网络是由单个神经元组成的，神经元模型及人工神经元模型如图 5-1和图 5-2 所示。神经网络的拓扑结构是指神经元之间的互相连接结构，BP 神经网络一般有一个或多个隐含层，每个隐含层有若干个节点，单隐层 BP 神经网络的拓扑结构见图 5-3。

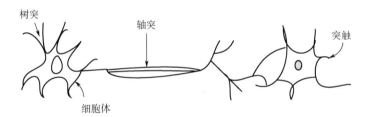

图 5-1　生物神经元模型

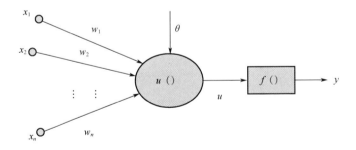

图 5-2　人工神经元模型

图 5-3 中，R 代表输入层，S^1 代表隐含层，S^2 代表输出层，$IW_{1,1}$ 代表输入层的权重矩阵，$LW_{2,1}$ 代表隐含层到输出层的权重矩阵，b_1 和 b_2 分别是隐含层和输出层的阈值，n^1 和 n^2 分别是隐含层和输出层的神经元传递函数。从理论上说，当隐含层和神经元够多时，任何非线性关系都能被模型表示。

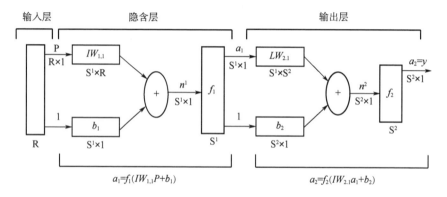

图5-3 单隐层 BP 神经网络的拓扑结构

5.2.3 BP 算法实现过程

由 BP 神经网络的原理，可以将 BP 算法的实现分为以下几个基本步骤：

（1）网络初始化。给各连接权值赋一个（-1，1）内的随机数，设误差函数、计算精度值和最大学习次数；

（2）k 个样本的期望输出：

$$x(k) = (x_1(k), x_2(k), \cdots, x_n(k)), \quad do(k) = (d_1(k), d_2(k), \cdots, d_q(k))$$

（3）计算隐含层神经元的输入输出：

$$hi_h(k) = \sum_{i=1}^{n} w_{ih} x_i(k) - b_n \qquad (h = 1, 2, \cdots, p)$$

$$ho_h(k) = f(hi_h(k)) \qquad (h = 1, 2, \cdots, p)$$

$$yi_o(k) = \sum_{h=1}^{p} w_{ho} ho_h(k) - b_o \qquad (o = 1, 2, \cdots, q)$$

$$yo_o(k) = f(yi_o(k)) \qquad (o = 1, 2, \cdots, q)$$

（4）计算误差函数对输出层的偏导数：

$$\frac{\partial yi_o(k)}{\partial w_{ho}} = \frac{\partial \left(\sum_{h}^{p} w_{ho} ho_h(k) - b_o \right)}{\partial w_{ho}} = ho_h(k)$$

$$\frac{\partial e}{\partial yi_o} = \frac{\partial \left(\frac{1}{2} \sum_{o=1}^{q} (do(k) - yo_o(k)) \right)^2}{\partial yi_o} = -(d_o(k) - yo_o(k)) yo_o'(k)$$

$$= -(d_o(k) - yo_o(k)) f'(yi_o(k)) - \delta(k)$$

（5）计算误差函数对隐含层的偏导数：

$$\frac{\partial e}{\partial w_{ho}} = \frac{\partial e}{\partial yi_o} \times \frac{\partial yi_o}{\partial w_{ho}} = -\delta_o(k) ho_h(k) , \quad \frac{\partial e}{\partial w_{ih}} = \frac{\partial e}{\partial hi_h(k)} \times \frac{\partial hi_h(k)}{\partial w_{ih}}$$

$$\frac{\partial hi_h(k)}{\partial w_{ih}} = \frac{\partial\left(\sum\limits_{i=1}^{n} w_{ih} x_i(k) - b_h\right)}{\partial w_{ih}} = x_i(k)$$

$$\frac{\partial e}{\partial hi_h(k)} = \frac{\partial\left(\frac{1}{2}\sum\limits_{o=1}^{q}\left(d_o(k) - yo_o(k)\right)^2\right)}{\partial ho_h(k)} \times \frac{\partial ho_h(k)}{\partial hi_h(k)}$$

$$= \frac{\partial\left(\frac{1}{2}\sum\limits_{o=1}^{q}\left(d_o(k) - f\left(yi_o(k)\right)\right)^2\right)}{\partial ho_h(k)} \times \frac{\partial ho_h(k)}{\partial hi_h(k)}$$

$$= -\sum\limits_{o=1}^{q}\left(d_o(k) - yo_o(k)\right) f'\left(yi_o(k)\right) w_{ho} \frac{\partial ho_h(k)}{\partial hi_h(k)}$$

$$= -\left(\sum\limits_{o=1}^{q} \delta_o(k) w_{ho}\right) f'\left(hi_h(k)\right) - \delta_h(k)$$

（6）修正连接权值：

$$\Delta w_{ho}(k) = -\mu \frac{\partial e}{\partial w_{ho}} = \mu \delta_o(k) ho_h(k) , \quad w_{ho}^{N+1} = w_{ho}^{N} + \eta \delta_o(k) ho(k)$$

（7）计算全局误差：

$$E = \frac{1}{2m}\sum\limits_{k=1}^{m}\sum\limits_{o=1}^{q}\left(d_o(k) - y_o(k)\right)^2$$

最后判断网络误差是否满足要求。当误差达到预设精度或学习次数大于设定的最大次数时，算法结束；否则，选取下一学习样本，返回第 3 步，直到样本训练完毕。

5.2.4 BP 神经网络参数

① 输入和输出向量

BP 神经网络的输入和输出向量的个数按实际需要决定[49]。输出层的确定相对简单，根据实际问题予以确定即可[164-166]。需要注意的是，在决定神经网络输入及输出时，由于网络各输入数据的物理意义和量纲不同，因此需要将数据进行归一化处理[167]，即将网络的输入和输出数据限制在[0，1]或[-1，1]区间内，可在 Matlab

中调用 premnmx 函数实现归一化。

② 隐含层及节点数

BP 神经网络通常有一个或多个隐含层，每个隐含层有若干个节点。理论上，只要隐含层的层数与隐含层节点数足够多，就可以以任意的精度逼近任一非线性函数，但对某个特定非线性函数来说，隐含层层数并不是越多越好，隐含层层数过多会使网络容易陷入局部极小并且使网络的训练难度大大增加。所以隐含层层数和节点数过于复杂反而会对函数拟合产生不良影响[50, 166]。

③ 传递函数

传递函数又称为激活函数，是 BP 网络的重要组成部分，它要求必须是可微的，即处处可导，一般均使用 S 型函数和线性函数。

logsig：对数 sigmoid 激活函数，为可导函数，将神经元的输入范围从（−∞，∞）映射到（0，1），如图 5-4 所示。

tansig：正切 sigmoid 激活函数，可导函数，双曲正切 sigmoid 函数将神经元的输入范围从（−∞，∞）映射到（−1，1），如图 5-4 所示。

purelin：线性传递函数，由于非线性传递函数对输出具有压缩作用，故输出层通常采用线性传递函数，以保证输出范围。

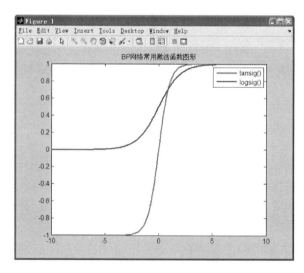

图5-4　BP 网络常用激活函数图形

其中，使用 S 型激活函数时 BP 网络输入与输出关系为：

输入：$net = x_1w_1 + x_2w_2 + \cdots + x_nw_n$；输出：$y = f(net) = \dfrac{1}{1 + e^{-net}}$；

输出的导数：$f(net) = \dfrac{1}{1 + e^{-net}} - \dfrac{1}{\left(1 + e^{-net}\right)^2} = y(1 - y)$。

S 型激活函数的图形见下图，由图 5-5 可知，对神经网络进行训练，应该将 net 的值尽量控制在收敛速度比较快的范围内。

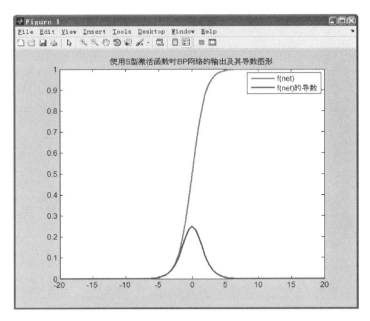

图5-5 使用S型传递函数时BP网络的输出及导数图形

④ 训练函数

BP 网络的训练函数有很多，适用于 BP 网络的训练函数，并不仅可用于 BP 网络的训练，还适用于其他任何神经网络，只要其传递函数对于权值和阈值存在导函数即可。主要的训练函数有：BFGS 准牛顿 BP 算法函数 trainbfg、梯度下降 BP 算法函数 traingd、梯度下降动量 BP 算法函数 traingdx 和 Levenberg-Marquardt BP 训练函数 trainlm 等[52, 164]。

⑤ 学习函数

学习函数用来修正权值和阈值，主要有两种：一是梯度下降权值 learngd，它通过神经元的输入和误差，以及权值和阈值的学习速率，来计算权值和阈值的变化率；二是梯度下降动量学习函数 learngdm，利用神经元的输入和误差、权值或阈值的学习速率和动量常数，来计算权值或阈值的变化率。

⑥ 性能函数

性能函数用来计算网络的输出误差，为训练提供判断依据。包括函数 mae，用于计算网络的平均绝对误差；函数 msereg，此函数是通过两个因子的加权来评价网络的性能；此外还有均方误差性能函数 mse 和计算网络均方误差和的函数 sse 等[165-166]。

5.3 设施养殖水质 BP 预测模型实例

5.3.1 BP 网络结构的确定

由图 5-3 可知，BP 神经网络由输入层、输出层和隐含层组成，要确定其结构参数，首先需要确定输入输出层向量的个数，然后确定隐含层及隐含层节点数及各层之间的传递函数。BP 神经网络建立的最终目的是解决实际问题，所以网络结构参数也需要根据实际问题加以确定[50, 165]。

① 输入输出层的确定

本研究的主要对象是凡纳滨对虾设施养殖水质，因此，输入层的向量应选择对凡纳滨对虾养殖水质变化有影响的水质因子。由第二章可知，实验共监测了 11 项水质因子，分别为水温、pH 值、DO、浊度、氨氮、亚硝氮、硝氮、无机磷、叶绿素-a、COD 和 BOD_5。由表 4-11 可知，DO 和浊度与其他水质因子之间的相关关系不显著，因此，将水温、pH、氨氮、亚硝氮、硝氮、无机磷、叶绿素-a、COD、和 BOD_5 等 9 项因子作为凡纳滨对虾设施养殖水质 BP 预测的输入向量。网络输出层输出的应为预测目标，即凡纳滨对虾设施养殖水质的预测值，因此，网络输出层的节点数为 1。

② 隐含层及节点数的确定

在 BP 神经网络的拓扑结构中，输入层和输出层的确定是由问题本身决定的，关键在于隐含层的层数和节点数。实践证明，三层前向神经网络几乎可对所有非线性函数进行模拟，并有许多学者作了理论上的补充，Singh 等（2009）研究结果证明，任意隐含层与输出层之间的映射 G，都存在一个三层 BP 神经网络，它可以以任意精度逼近 G[59]。Kuo 等（2009）研究结果认为，仅包括 1 个隐含层的多层感知器在理论上就足够完成 BP 网络的需要，两个及两个以上的多个隐含层结构与单隐含层相比，其在其他性能上的差异却并不显著。因此，本研究采取三层 BP 网络，即只有一个隐含层[58]。

隐含层节点数的多少是网络成功的关键，因为其不仅影响网络学习过程时间的长短，还影响网络的非线性处理能力。隐含层节点数太少，网络的容错能力较差；而当隐含层节点数太多时，不仅会导致网络学习时间过长，还会使网络训练复杂化。目前对隐含层节点数取值范围的研究并没有定论，一般来说，隐含层节点数与网络的要求、输入输出层节点数的多少有直接关系，例如，对于函数逼近的问题，要求逼近的精度高，那么隐含层节点数就要多。隐含层节点数主要有两种方法确定，一是通过计算公式获得，二是试错法。第一种方法属于凭经验确定网络结构，在网络学习之前并不知道合适的连接权值和节点数，因此用此种方法选取隐含层节点数的效果不佳。为了获得最佳的隐含层节点数，本章采用试错法来确定隐含层节点数，表 5-1 为不同隐含层节点数的 BP 神经网络训练误差。

表5-1　不同隐含层节点数的 BP 神经网络训练误差

神经元个数	3	4	5	6	7	8	9	10	11	12
网络误差	0.0004	0.0004	0.0004	0.0005	0.0003	0.0004	0.0005	0.9115	0.0003	0.0004

从表 5-1 可以看出，隐含层节点数并不是越多越好，当隐含层神经元个数为 7 时，网络误差最小，当神经元个数大于 7 时，网络误差在一定范围内随着隐含层神经元的个数增加而增大，当隐含层节点数为 10 个时，网络误差为 0.9115。通过误差对比，确定最佳的隐含层神经元个数，即节点数为 7 个，因此，凡纳滨对虾设施养殖水质 BP 预测模型的结构为 9-7-1，网络的拓扑结构如图 5-6。

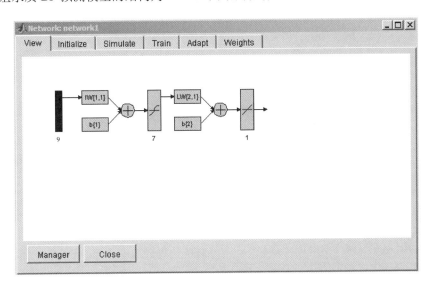

图5-6　凡纳滨对虾设施养殖水质 BP 预测模型拓扑图

③ 传递函数的确定

传递函数是神经网络的一个重要因素，不同的传递函数会导致泛化能力不同的神经网络。现有的大部分研究，一般还是采用 sigmoid 函数作为节点的激励函数，根据实际水质监测数据，本章选择 tansig 作为网络隐含层的传递函数；如果隐含层与输出层之间为 sigmoid，那么会导致整个网络的输出被限制在一个较小的范围之内，但如果为线性传递函数，那么整个网络的输出可以取任意值，由于输出的水质预测结果可能为任意值，因此选择输出层神经元的传递函数为线性传递函数（purelin）。

5.3.2　数据及预处理

任何类型的网络都需要依赖样本数据来对网络进行训练，以找出最佳的模型。网络学习样本的质量对模型预测精度及准确度影响极大，因为学习样本自身的噪声会干扰并降低模型的预测精度及准确度。因此，本章使用凡纳滨对虾 2008～2009 年的实际监测值作为输入输出的样本数据，在模型进行测试并经过仿真实验后，若错误率在可接受的范围之内，模型就可以应用于实际的水质预测中。

由于本章 BP 网络隐层中的神经元采用 sigmoid 型变换函数，输出层的神经元采用纯线性变换函数（purelin），因此需要将输入输出样本进行归一化处理，这样既可以消除参数量纲不同造成的影响，使各参数归属在同一范围之内，又使 sigmoid 型变换函数真正起到非线性转移作用，保证网络对样本具有足够的输入敏感性和良好的拟合性，提高网络的收敛速度。数据归一化的方法有两种：

数据变换区间为[0，1]时：

$$x_i = \frac{\left(x_i - x_{\min}\right)}{\left(x_{\max} - x_{\min}\right)} \tag{5-1}$$

数据变换区间为[-1，1]时：

$$x_i = \frac{\left(x_i - x_{\mathrm{mid}}\right)}{\left[\dfrac{1}{2}\left(x_{\max} - x_{\min}\right)\right]} \tag{5-2}$$

$$x_{\mathrm{mid}} = \frac{\left(x_{\max} - x_{\min}\right)}{2} \tag{5-3}$$

式中，x_i 为输入或输出数据；$x_{\max}$ 为数据变化范围内的最大值；$x_{\min}$ 为最小值。

在归一化过程中，极值的选取至关重要，因为不同的取值将造成归一化结果的差异，进而影响整个网络的性能。根据水质变化的特征，使用公式（5-1）对原始数据进行归一化，为了保证网络有一定的外推预测能力，防止部分神经元达到过饱和状态，需要将公式（5-1）进行改进，使归一化后的数据分布在[0.1，0.9]区间内，改进后的公式为：

$$\overline{x_i} = 0.8 \times \left[\frac{\left(x_i - x_{\min}\right)}{\left(x_{\max} - x_{\min}\right)}\right] + 0.1 \tag{5-4}$$

式中，$\overline{x_i}$ 为处理后的样本输入值。

这样就将输入输出样本变换到[0.1，0.9]区间，避免了 0 和 1 两个值。因为 0 和 1 是 sigmoid 型函数的极小值和极大值，要求连接权足够大才能使网络的输出值与其匹配，因而需要相当多的训练次数来不断修正权值，导致训练速度缓慢。

由第 5.3.1 小节可知，BP 神经网络的输入为水温、pH、氨氮、亚硝氮、硝氮、无机磷、叶绿素-a、COD 和 BOD₅ 等 9 项水质因子，按公式（5-4）对这 9 项水质因子进行归一化，结果见表 5-2~表 5-5。

表 5-2　1#池塘归一化后数据

日期	氨氮	亚硝氮	硝氮	无机磷	叶绿素-a	COD	BOD₅	pH	水温
7 月 1 日	0.1197	0.1008	0.1298	0.1225	0.4370	0.3125	0.1611	0.6347	0.6682
7 月 8 日	0.1237	0.2121	0.1052	0.1791	0.1289	0.1740	0.1550	0.4233	0.5201
7 月 15 日	0.1058	0.1045	0.1024	0.1104	0.1402	0.2418	0.1733	0.4109	0.6979
7 月 23 日	0.1167	0.1000	0.1089	0.1317	0.1512	0.3973	0.3260	0.3777	0.7775
7 月 31 日	0.1218	0.1210	0.1616	0.2052	0.1464	0.1273	0.3992	0.3736	0.5754
8 月 5 日	0.1058	0.1285	0.1035	0.1604	0.1171	0.4497	0.1916	0.4233	0.8100
8 月 12 日	0.1010	0.1012	0.1183	0.1244	0.4052	0.4555	0.2221	0.5311	0.6792
8 月 19 日	0.1071	0.1021	0.1147	0.1056	0.1420	0.1695	0.2588	0.3819	0.8993
8 月 26 日	0.1397	0.1141	0.1199	0.1687	0.1501	0.1000	0.3626	0.5725	0.4370
9 月 2 日	0.1481	0.3511	0.2574	0.1789	0.3579	0.2914	0.2221	0.6596	0.3934
9 月 10 日	0.5724	0.1420	0.2033	0.1649	0.3950	0.2944	0.2344	0.4150	0.5886
9 月 16 日	0.3205	0.8483	0.7136	0.5894	0.3119	0.4192	0.3137	0.3984	0.4280
9 月 23 日	0.5968	0.8669	0.3706	0.4825	0.9000	0.2093	0.5031	0.4399	0.7014
10 月 1 日	0.1737	0.7110	0.2314	0.1460	0.6856	0.4230	0.4542	0.5187	0.1685
10 月 7 日	0.1045	0.6398	0.5503	0.2361	0.7561	0.6939	0.6008	0.2244	0.1007
10 月 14 日	0.1193	0.6444	0.8600	0.2452	0.3147	0.7231	0.8511	0.4855	0.1595
10 月 21 日	0.2205	0.6427	0.1122	0.9000	0.3663	0.4619	0.4786	0.4026	0.3637
10 月 28 日	0.1340	0.6518	0.6023	0.8981	0.3349	0.7016	0.7595	0.4523	0.2509

表 5-3　2#池塘归一化后数据

日期	氨氮	亚硝氮	硝氮	无机磷	叶绿素-a	COD	BOD₅	pH	水温
7 月 1 日	0.1132	0.1037	0.1281	0.1128	0.2671	0.2684	0.3687	0.7052	0.6585
7 月 8 日	0.1295	0.2133	0.1158	0.2195	0.1034	0.1845	0.1183	0.444	0.5173
7 月 15 日	0.1032	0.1025	0.1163	0.1151	0.1285	0.2303	0.2221	0.4150	0.7138
7 月 23 日	0.1172	0.1004	0.1078	0.1460	0.1730	0.4230	0.3137	0.3363	0.7429
7 月 31 日	0.1372	0.1528	0.1790	0.2503	0.1667	0.1941	0.3809	0.4233	0.5706
8 月 5 日	0.1141	0.1540	0.1280	0.1270	0.1606	0.4345	0.1977	0.4026	0.8087
8 月 12 日	0.1003	0.1020	0.1173	0.1296	0.4447	0.3830	0.2466	0.4648	0.6557
8 月 19 日	0.1026	0.1037	0.1278	0.1128	0.1623	0.1292	0.3076	0.3777	0.8945
8 月 26 日	0.1301	0.1285	0.1166	0.1649	0.1684	0.1105	0.3626	0.5974	0.4412
9 月 2 日	0.1468	0.3635	0.2858	0.1297	0.4465	0.3066	0.1061	0.5642	0.3913

日期	氨氮	亚硝氮	硝氮	无机磷	叶绿素-a	COD	BOD$_5$	pH	水温
9月10日	0.5814	0.1501	0.1789	0.1720	0.5227	0.2797	0.3687	0.3736	0.5761
9月16日	0.3001	0.8719	0.6747	0.6202	0.7696	0.3224	0.2527	0.4109	0.4114
9月23日	0.4942	0.8557	0.3999	0.4327	0.6770	0.2475	0.3565	0.4275	0.6958
10月1日	0.1949	0.8781	0.2963	0.1483	0.3215	0.4612	0.5031	0.5021	0.1651
10月7日	0.1051	0.6386	0.5589	0.2119	0.4270	0.7626	0.7656	0.2036	0.1000
10月14日	0.1205	0.6444	0.8433	0.2560	0.3232	0.6176	0.6618	0.4399	0.1678
10月21日	0.3123	0.6067	0.1219	0.8858	0.2386	0.4207	0.4053	0.3984	0.3630
10月28日	0.1190	0.6659	0.4716	0.8838	0.3375	0.6146	0.8603	0.4358	0.2522

表5-4　3#池塘归一化后数据

日期	氨氮	亚硝氮	硝氮	无机磷	叶绿素-a	COD	BOD$_5$	pH	水温
7月1日	0.1177	0.1005	0.1362	0.1365	0.3223	0.2946	0.1977	0.7300	0.6384
7月8日	0.1256	0.2096	0.1069	0.1602	0.1000	0.1699	0.2588	0.7093	0.5256
7月15日	0.1062	0.1057	0.1124	0.1000	0.1079	0.1597	0.1611	0.9000	0.6972
7月23日	0.1269	0.1000	0.1037	0.1249	0.1420	0.2895	0.4115	0.6016	0.7824
7月31日	0.1287	0.1405	0.1539	0.2123	0.1281	0.1731	0.3626	0.5891	0.5810
8月5日	0.1090	0.1767	0.1065	0.1578	0.1269	0.4879	0.1916	0.4358	0.8045
8月12日	0.1000	0.1011	0.1657	0.1199	0.3514	0.5051	0.2405	0.5269	0.6640
8月19日	0.1032	0.1021	0.1048	0.1151	0.1237	0.1788	0.2710	0.6181	0.9000
8月26日	0.1308	0.1161	0.1122	0.1839	0.1605	0.1330	0.4359	0.4192	0.4446
9月2日	0.1474	0.3155	0.2936	0.1367	0.5941	0.3982	0.1305	0.6679	0.4038
9月10日	0.3186	0.1364	0.1799	0.1673	0.6202	0.2857	0.3137	0.4399	0.5934
9月16日	0.3371	0.8322	0.7222	0.6368	0.6757	0.2666	0.3748	0.5518	0.4349
9月23日	0.4308	0.8988	0.4530	0.4267	0.8352	0.1979	0.4786	0.5187	0.6986
10月1日	0.2212	0.6837	0.2225	0.1725	0.4373	0.4726	0.4176	0.6596	0.1699
10月7日	0.1269	0.6171	0.4731	0.3025	0.7683	0.8390	0.7595	0.4192	0.1000
10月14日	0.1231	0.6406	0.9000	0.2268	0.3212	0.6465	0.9000	0.1290	0.1817
10月21日	0.2635	0.6510	0.1162	0.7933	0.2768	0.4421	0.4481	0.5145	0.3644
10月28日	0.1423	0.6390	0.4091	0.7666	0.3768	0.5795	0.6863	0.2119	0.2481

表5-5　4#池塘归一化后数据

日期	氨氮	亚硝氮	硝氮	无机磷	叶绿素-a	COD	BOD$_5$	pH	水温
7月1日	0.1083	0.1037	0.1151	0.1531	0.2962	0.2483	0.2405	0.8005	0.6516
7月8日	0.1072	0.2138	0.1085	0.2147	0.1144	0.1416	0.1672	0.6389	0.5180
7月15日	0.1090	0.1050	0.1000	0.1222	0.1205	0.1979	0.1366	0.6845	0.7014

日期	氨氮	亚硝氮	硝氮	无机磷	叶绿素-a	COD	BOD₅	pH	水温
7月23日	0.1153	0.1004	0.1014	0.1367	0.1281	0.3791	0.3870	0.6637	0.7644
7月31日	0.1212	0.1168	0.1341	0.1863	0.1560	0.1353	0.3870	0.5394	0.5879
8月5日	0.1115	0.1334	0.1085	0.1773	0.1223	0.4521	0.2160	0.5518	0.8052
8月12日	0.1013	0.1021	0.1401	0.1432	0.3194	0.3410	0.2954	0.6389	0.6744
8月19日	0.1058	0.1046	0.1281	0.1098	0.1406	0.1540	0.3198	0.5850	0.8952
8月26日	0.1364	0.1203	0.1128	0.1697	0.1316	0.1301	0.4176	0.6637	0.4481
9月2日	0.1590	0.3168	0.2698	0.1460	0.4392	0.2933	0.1000	0.5684	0.4010
9月10日	0.6256	0.1381	0.1710	0.2527	0.5308	0.2513	0.3076	0.5021	0.5913
9月16日	0.3386	0.8392	0.7136	0.6295	0.3958	0.3238	0.3687	0.5269	0.4260
9月23日	0.9000	0.9000	0.4130	0.4061	0.9824	0.4116	0.4847	0.7010	0.7055
10月1日	0.2160	0.6580	0.3360	0.1512	0.4727	0.4955	0.5031	0.3819	0.1644
10月7日	0.1225	0.6353	0.5133	0.3191	0.3915	0.9000	0.6679	0.1000	0.1014
10月14日	0.1182	0.4553	0.8959	0.2271	0.3254	0.6365	0.7107	0.1870	0.1810
10月21日	0.2385	0.6468	0.1044	0.7814	0.3231	0.3937	0.4359	0.2658	0.3595
10月28日	0.1315	0.6555	0.4529	0.7920	0.4772	0.6126	0.7412	0.1912	0.2488

5.3.3 网络训练

由第 5.3.1 小节可知，BP 神经网络隐含层设置为 1 层，隐含层节点数为 7，因此凡纳滨对虾设施养殖水质 BP 神经网络预测模型的结构为 9-7-1（图 5-6），其中，层间传递函数分别为 sigmoid 和线性传递函数。

（1）训练样本

一般来说，用于模型训练的数据越多越好，且训练时应选择有代表性的数据。由第二章可知，实验共采样 18 次，涉及 4 口养殖池，因此，BP 网络训练的输入有 72 组数据（9×72），相应输出目标也有 72 组数据（1×72）。设模型训练的输入矩阵为 P，输出为 T。

（2）训练函数

采用不同的训练函数对网络的性能也有影响，由第 5.2.4 小节可知，BP 网络的训练函数有很多，本研究采用 traingdx 和 trainlm 对网络进行训练，traingdx 的学习速率是自适应的，在对神经网络进行训练时，应该将网络输出控制在收敛速度比较快的范围内，trainlm 的优点则是收敛速度较快，最后对结果进行比较。

（3）模型训练过程及结果

模型训练过程通过 Matlab 的图形界面用户（GUI）功能实现，GUI 的神经网络主界面如图 5-7 所示。

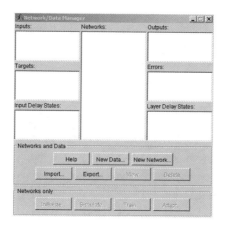

图5-7　GUI神经网络主界面

首先，将输入向量 P（Inputs）和目标输出 T（Targets）键入主页面，矩阵大小分别为[9×56]和[1×56]。然后创建一个新的神经网络 New Network，见图 5-8。选择 Feed-forward backdrop 作为网络类型。

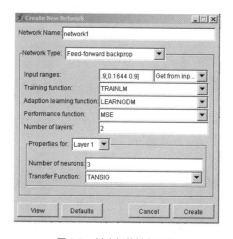

图5-8　创建新的神经网络

图 5-8 中，以 trainlm 为训练函数，学习函数为 learngdm，误差性能函数为 MSE，隐含层节点数选择为 3 个，传递函数为 tansig。根据经验可知，隐含层节点数的选择一般根据输入输出的个数确定，由第 5.3.1 小节可知，隐含层节点数采用试错法确定，因此，本研究的隐含层节点数选择在 3～12 之间的数。由第 5.3.3 小节可知，训练函数为 trainlm 和 traingdx，因此，共建立了 20 个网络对输入输出样本进行训练，并且期望误差设置为 0.001，最大训练周期为 2000 步，每 25 步显示一次结果。当设定的 20 个模型各完成 2000 次训练，将这 20 个模型的错误率相互

比较，误差率最小的模型即为凡纳滨对虾设施养殖水质 BP 预测模型。由于最初的权重是随机产生的，每次的训练结果都是不同的，因此，每个模型被训练 3 次，训练结果见图 5-9，模型误差率比较结果见表 5-6。

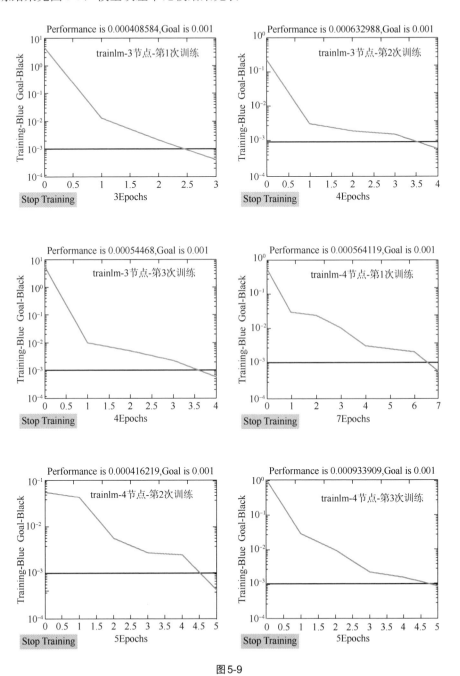

图 5-9

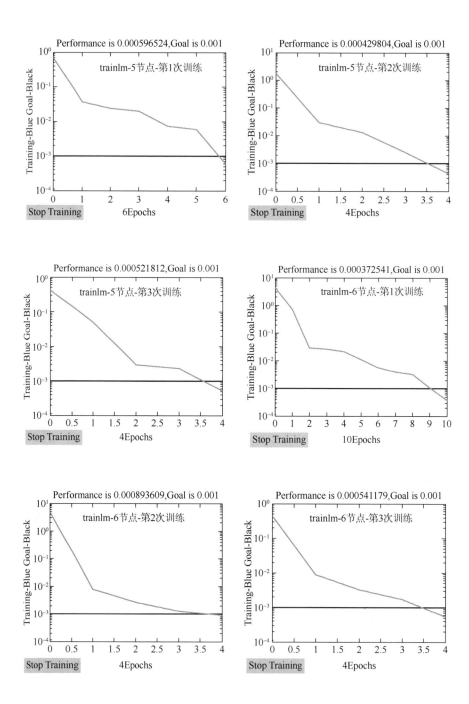

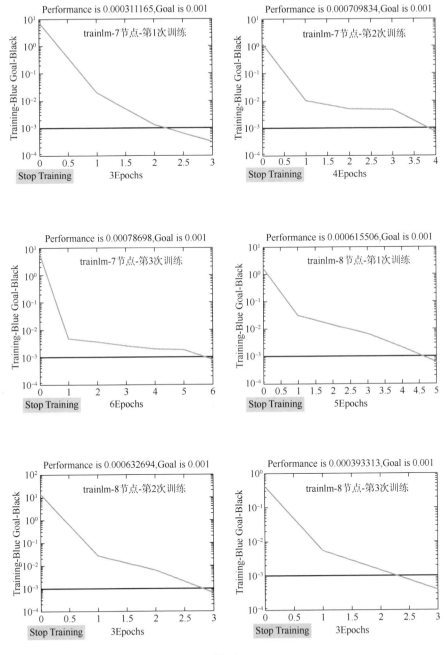

图 5-9

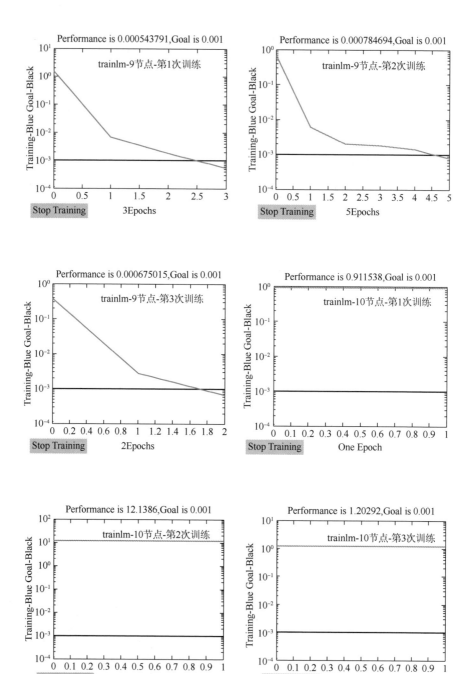

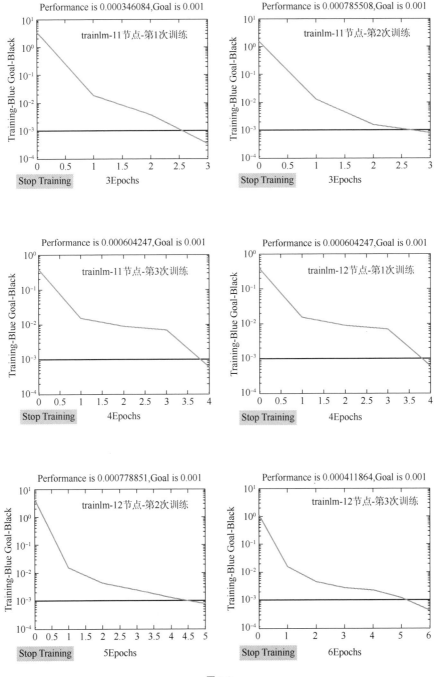

图5-9

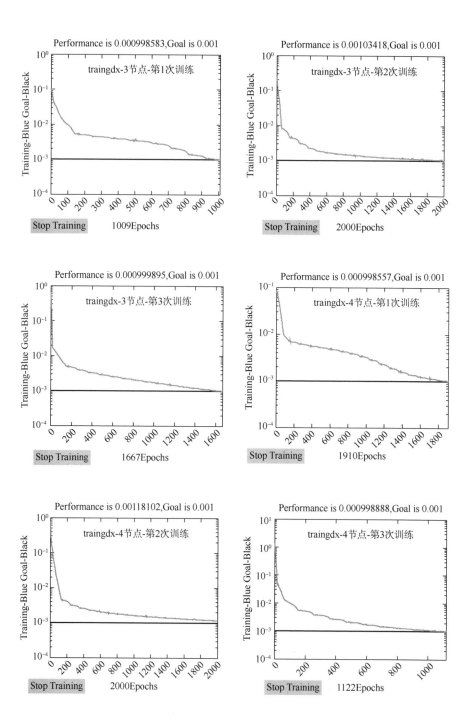

设施水产养殖水质综合评价与预警方法

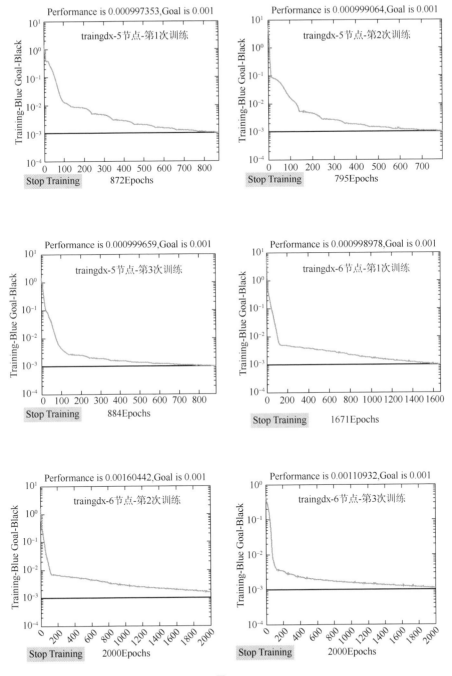

图 5-9

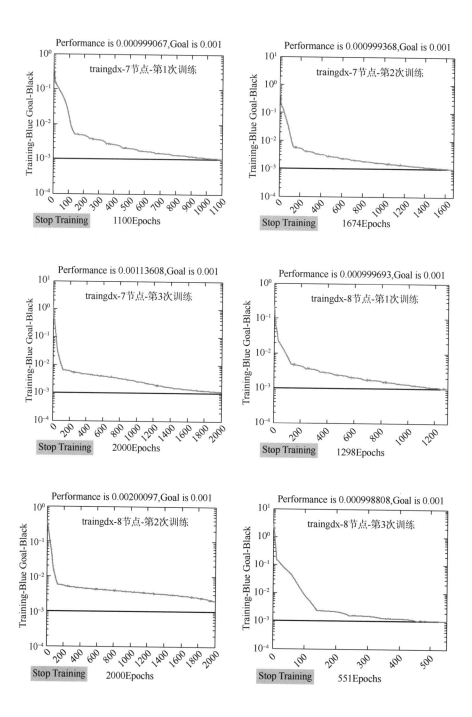

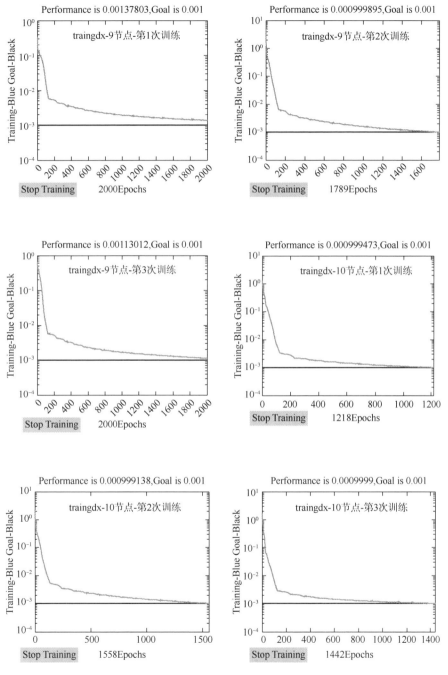

图5-9

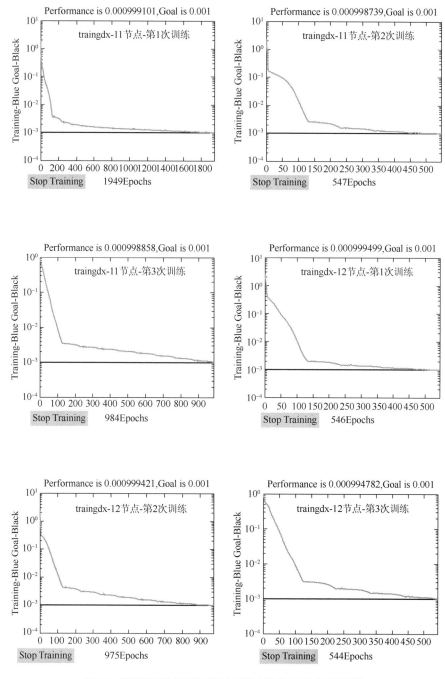

图5-9 基于不同训练函数及隐含层节点数的BP神经网络训练

表 5-6   模型误差率比较结果

训练函数	隐含层节点数	训练 1	训练 2	训练 3	最小误差	最小步数
Trainlm	3	0.000409	0.000633	0.000581	0.000409	3
	4	0.000564	0.000416	0.000934	0.000416	5
	5	0.000597	0.00043	0.000522	0.00043	4
	6	0.000373	0.000894	0.000541	0.000541	4
	7	0.000311	0.000710	0.000787	0.000311	3
	8	0.000616	0.000633	0.000393	0.000393	3
	9	0.000544	0.000785	0.000675	0.000544	3
	10	0.911538	12.1386	1.20292	0.911538	1
	11	0.000346	0.000786	0.000604	0.000346	3
	12	0.000604	0.000779	0.000412	0.000412	6
Traingdx	3	0.000999	0.001034	0.001	0.000999	1009
	4	0.000999	0.001181	0.000999	0.000999	1910
	5	0.000997	0.000999	0.001	0.000997	872
	6	0.000999	0.001604	0.001109	0.000999	1671
	7	0.000999	0.000999	0.001136	0.000999	1100
	8	0.001	0.002	0.000999	0.000999	551
	9	0.001378	0.001	0.00113	0.001	1789
	10	0.001	0.000999	0.001	0.000999	1558
	11	0.000999	0.000999	0.000999	0.000999	547
	12	0.000999	0.000999	0.000995	0.000995	544

表 5-6 显示，当训练函数为 Trainlm 时，最小的网络误差是 0.000311，只需经过 3 步训练就可达到目标误差；而 Traingdx 函数，最小误差为 0.000995，且需要经过几百次训练（最小为 544 步）。这是由于 Levenberg-Marquardt 函数能够根据网络训练的误差变化自动调节网络训练参数 μ，使网络实时采取适宜的训练方法。当 μ 较小，网络训练过程主要依据 Gauss-Newton 法；当 μ 较大，网络训练过程主要依据梯度下降算法，因此，该训练函数的效率要优于梯度下降动量法（Traingdx）。

综上所述，网络误差最小的网络被用来作为预测模型，模型结构为 9-7-1，即输入层为 9 个变量，7 个隐含层节点，1 个网络输出，模型训练函数为 Trainlm。

除此之外，也可以在 Matlab 命令行窗口中通过直接创建 BP 网络，然后对网络进行训练，以训练函数为 Trainlm，隐含层节点数为 3 的网络为例，部分训练代码如下：

```
P=[];                                              %%网络输入
T=[];                                              %%网络输出
net_1=newff（minmax（P），[3，1]，{'tansig'，'purelin'}，'trainlm'）；  %%
神经网络
net_1.trainParam.epochs=2000;                      %%训练步数
net_1.trainParam.goal=0.001;                       %%目标误差
net_1.trainParam.show=25;                          %%显示步长
net=train（net，P，T）；                             %%模型训练
```

5.3.4　网络仿真

用仿真实验来确定模型的预测结果，并与实测值进行比较。图 5-10 和图 5-11 给出了水质的仿真结果。图 5-10 比较了水质的预测值和真实值，图 5-11 给出了网络的误差曲线。

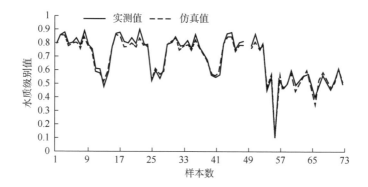

图 5-10　水质级别的预测值与真实值

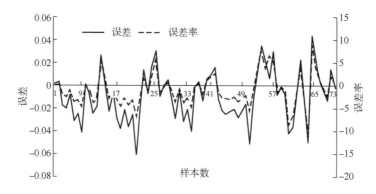

图 5-11　网络的误差曲线

图 5-10 比较了水质级别的预测值和实际值，图 5-11 得出了水质级别的预测误差及误差率。从图 5-10 中可以看出，两条曲线几乎是重合的。两组数据相关分析显示系数是 0.9921，预测误差率结果显示平均的预测误差率是 2.9%，最大的是 12.55%，最小是 0.038%。

从图 5-10 可以看出，养殖后期的预测结果要优于前期。这说明预测模型不仅与时间进展有关[168]，还与样本属性有关。样本值越有代表性，预测结果越准确。因此，用新的测试数据对模型进行更新非常重要。图中有几个预测数据与实测数据的偏差较大，原因可能是预测结果在学习过程中会被很多因子影响[169]。除了确定影响因子之外，许多其他的因子，如天气条件和环境污染，也会瞬时影响预测结果。总体来说，预测误差率的平均值为 2.9%，这说明预测结果总体来说是好的，其原因是误差率被控制在一个可以接受的范围之内，提高了模型的预测精度。

5.4　小结

本章主要介绍了 BP 神经网络的原理、建立 BP 网络的一般步骤以及凡纳滨对虾设施养殖水质预测模型的建立及仿真过程。网络建立包括输入输出层的确定、隐含层及节点数的确定和传递函数的选择等，根据第二章实测水质因子之间的相关关系，选择水温、pH 值、氨氮、亚硝氮、亚硝氮、无机磷、叶绿素-a、COD 和 BOD_5 等九项因子作为凡纳滨对虾设施养殖水质 BP 预测的输入向量；根据预测目的，确定 BP 预测网络的输出变量为水质预测值；网络的隐含层确定为一层，由试错法确定当隐含层神经元数为 7 时，网络的误差最小；根据实际水质监测数据，本章选择 tansig 和 purelin 分别作为网络隐含层和输出层神经元的传递函数，至此，确定凡纳滨对虾设施养殖水质 BP 预测模型的结构。将凡纳滨对虾设施养殖的水质监测数据及水质级别结果分别进行归一化处理，然后进行模型的训练过程，采用 trainlm 和 traingdx 对网络进行训练，结果显示，当训练函数为 trainlm 时，训练速度最快，误差最小，因此，选择 trainlm 作为网络的训练函数。凡纳滨对虾设施养殖水质 BP 预测模型建立后，通过仿真对模型进行验证，结果显示，两组数据相关分析显示系数是 0.9921，预测误差率结果显示平均的预测误差率是 2.9%，最大的是 12.55%，最小是 0.038%，总体预测结果较好。BP 神经网络能够以较高的精度对养殖水质状况进行预测，这对于实际应用具有很大的意义，它使得设施养殖水质预测成为可能，能够实现水质恶化的早期预报，减少养殖损失，保证养殖安全。

第6章

设施养殖
水质预警模型

预警是在对环境质量进行分析后，将其质量的变化趋势或动态过程用数学表达式的形式表现出来，然后根据临界值，对可能发生的状况作出预测和报警的过程[67,74]，目前的水质预警多针对地表水、河流湖泊及水库污染[74,91]。由水质恶化引起的养殖事故屡见不鲜，预警作为一种新的水质管理方法，也被逐步引入到水产领域[66]。模型是水质预警的核心，也是预警的基础和支撑，水质模型是能够描述水体各主要污染因子在水体环境中存在及其相互关系的数学方程。在国外，水污染预警的研究主要是针对水源地进行实时监测预警，国内主要是通过水质的多年连续监测数据进行预警[63]。

养殖水体系统是一个非常复杂的生态系统，在设施养殖的整个过程中，水体质量会受到许多因素的干扰，导致水质不断恶化。恶化的水体环境会增加养殖生物的易感性，降低生物免疫力甚至直接引起死亡[84]。防止水质恶化的有效方法是在水质未发生质变之前，及时对可能恶化的水质提出报警，采取措施防止和减轻水质恶化对养殖活动可能造成的影响[84]。因此，设施养殖水质预警模型的目的，就是在一定范围内，对某一时期的水质状况进行分析，对其未来可能发生的状况或发展趋势进行预测，对养殖水质的警情进行报警，最终实现设施养殖水质科学管理。另外，水质预警也可以为养殖污水排放提供依据[68-70]。

6.1　设施养殖水质预警的特点

水质预警是养殖管理的重要组成部分，现阶段对养殖水质预警的系统研究还处于起步阶段，国内已有一些学者对水质预警问题做过研究[66,68-69]，但研究对象和研究环境与实际设施养殖有较大差距，对水质预警没有形成系统研究[86]。主要原因是缺少对整个养殖过程进行监测的系统资料，而历史数据难以在水质发生质变之前及时发出警告。设施养殖亟须建立一个能够在水质警情发生前，基于有效警报的水质预警模型和系统，为合理利用池塘水资源和改善池塘水质提供科学依据[84]。在此之前，首先需要明确水质预警的主要特点[74]：

（1）警源的复杂性。对虾水质恶化是水体中的物理、化学和生物过程等多种因素共同作用的结果，养殖水体中各要素之间存在复杂的非线性关系，因此，需要建立综合预警模型来对水质恶化进行定性和定量分析。

（2）警情的积累性。水质恶化具有积累性和突发性，因子在空间范围内的相互作用和演替，表现为量变到质变的过程，因此，在建立预警模型时，需要能够涵盖一定的时间和空间范围。

（3）警兆的滞后性。各类水质因子对水质产生的后果，需要经过一定的时间之后才能显现，当警兆表现出来时，损失通常已不可弥补。因此，需要在水质恶化之前对水质状况进行报警。

（4）预警的集中性。预警应主要侧重对水质恶化的负面影响及其危害的预测方面，突出对可能发生的危害做出报警。

（5）预警的动态性。预警不同于评价，不仅限于一次性的结论，而是侧重于对不同时间、不同空间的变化的分析。

（6）预警的深刻性。预警的实现，需要以评价和预测等大量工作为基础，只有在准确评价现状和把握演化趋势的基础上，才能实现预警的准确性。

6.2　设施养殖水质预警指标体系的建立

预警是设施养殖水质管理的重点，水质预警首先需要建立一套完整和科学的预警指标体系。预警指标体系既能单独为设施养殖水质预警提供监测数据，也可以为确定和验证水质预警数学模型提供数据支持，通过对各种相关数据信息进行综合分析来预测水质恶化的警情和警度，达到提前控制的目的[66-68]。

6.2.1　指标的选择

预警指标的选择直接决定着预警能否实现和成功，水质预警因研究对象、实验时间和地点的不同而各有差异，如何从众多的水质因子中，筛选出影响设施养殖水质恶化的最主要参数，是设施养殖水质预警工作的前提和保证。影响设施养殖水质的主要因子分为三大类，即物理因子（如温度、盐度等）、化学因子（如 pH 值、溶解氧等）、生物因子（如叶绿素-a 等）。对水质因子进行研究，可以为水质恶化的准确报警提供理论支持。

根据第 4.1.1 小节和第 4.1.2 小节的相关内容，选取氨氮、亚硝氮、硝氮、无机磷、叶绿素-a、COD、BOD_5、pH 值和水温等九个水质因子，作为设施养殖水质预警模型实例研究的指标体系。

6.2.2　指标的监测

见第 3.2 节实验数据的获取部分。

6.2.3　预警警度的确定

在第四章设施养殖水质评价标准部分，依据各国养殖水质标准（表 4-12）和对虾的生理及对环境的适应情况，划定了凡纳滨对虾设施养殖水环境质量分类标准（表4-13），本节以此为基础，划定了水质预警模型的预警警度。表6-1是警度级别确定的参考表。

表6-1 警度确定

预警级别	预警状态	预警警度
I	理想	无警
II	良好	轻警
III	一般	中警
IV	较差	重警
V	恶劣	巨警

警度划分为无警、轻警、中警、重警和巨警5个等级[101]，对各水质因子将出现的危险区域做出预计，找出各因子处在哪类预警级别下，然后发出警报。

6.3　设施养殖水质预警模型

6.3.1　单因子水质预警模型建立

根据第6.2.1小节中确定的预警模型指标体系，建立设施养殖水质单因子预警模型，模型表达式如下：

$$W = \frac{c_i}{c_{si}} \tag{6-1}$$

$$W = \frac{c_{si}}{c_i} \tag{6-2}$$

式中，W 为单因子预警指数；c_i 为某水质因子的实测值；c_{si} 为某水质因子的最高允许标准值。当因子（如氨氮等）浓度越小水质越好时，采用公式（6-1）；当因子（如DO等）浓度越大水质越好时，采用公式（6-2）。

当 W 小于1时，水质状况良好，当 W 大于1时，报警。

6.3.2　单因子水质预警模型实例

用10月1日的实测数据对单因子模型进行举例，10月1日的监测数据见表4-2，单因子预警模型预警结果见表 6-2。从单因子预警来看，只有氨氮指标处于较差状态，应采取措施降低水体氨氮含量，其他指标状态良好，应继续保持。

表 6-2　10 月 1 日 H₁ 的预警级别

因子	E	单因子状态	预警级别 E_P
氨氮	0.021	较差状态	4
亚硝氮	2.034	理想状态	1
pH 值	1.01	理想状态	1
DO	0.66	一般状态	3
温度	0.89	良好状态	2
COD	2.35	理想状态	1

6.3.3　基于多元回归的单因子水质预警模型实例

水质优劣与养殖系统中各项因子密切相关，由于相关因子过多，它们之间的相互关系复杂而难以描述，如果在确定了重要水质因子基础上，找到影响这些因子变化的其他因子，建立单因子的预警模型，则可以以最简单的方法达到最大限度预防和减少海水养殖风险和损失的目的[66, 101]。

本书第二章已经以凡纳滨对虾设施养殖水质数据为基础，采用多元逐步回归模型分析了凡纳滨对虾设施养殖主要水质因子与其他各相关水质因子之间的相关关系，本章在第二章的基础上，建立单因子水质预警回归模型如下：

氨氮的单因子水质预警回归模型为：

$$W_{TAN} = \frac{3.992 + 3.09c_{i-Chl-a} - 0.059c_{i-COD} - 0.485pH}{c_{si-TAN}} \tag{6-3}$$

NO₂—N 的单因子水质预警回归模型为：

$$W_{NO_2-N} = \frac{-0.06 + 0.433c_{i-NO_3-N} + 0.15c_{i-DIP} + 0.978c_{i-Chl-a}}{c_{si-NO_2-N}} \tag{6-4}$$

NO₃—N 的单因子水质预警回归模型为：

$$W_{NO_3-N} = \frac{0.027 + 0.605c_{i-NO_2-N}}{c_{si-NO_3-N}} \tag{6-5}$$

DIP 的单因子水质预警回归模型为：

$$W_{DIP} = \frac{0.163 + 1.822c_{i-NO_2-N}}{c_{si-DIP}} \tag{6-6}$$

Chl-a 的单因子水质预警回归模型为:

$$W_{\text{Chl-a}} = \frac{0.047 + 0.208c_{i-\text{NO}_2-\text{N}} + 0.145c_{i-\text{TAN}}}{c_{si-\text{Chl-a}}}$$ (6-7)

COD 的单因子水质预警回归模型为:

$$W_{\text{COD}} = \frac{88.999 - 10.632c_{i-\text{pH}}}{c_{si-\text{COD}}}$$ (6-8)

BOD$_5$ 的单因子水质预警回归模型为:

$$W_{\text{BOD}_5} = \frac{68.667 - 6.816c_{i-\text{pH}} - 0.347c_{i-t}}{c_{si-\text{BOD}_5}}$$ (6-9)

pH 的单因子水质预警回归模型为:

$$W_{\text{pH}} = \frac{8.204 - 0.07c_{i-\text{BOD}_5}}{c_{si-\text{pH}}}$$ (6-10)

或 $$W_{\text{pH}} = \frac{c_{si-\text{pH}}}{8.204 - 0.07c_{i-\text{BOD}_5}}$$ (6-11)

t 的单因子水质预警回归模型为:

$$W_t = \frac{31.486 - 0.731c_{i-\text{BOD}_5}}{c_{si-t}}$$ (6-12)

或 $$W_t = \frac{c_{si-t}}{31.486 - 0.731c_{i-\text{BOD}_5}}$$ (6-13)

式中,W 为单因子预警指数;c_i 为某水质因子的实测值;c_{si} 为某水质因子的最高允许标准值。当 W 小于 1 时,水质状况良好,当 W 大于 1 时,报警。

最早的水质预警模型是将某水质因子与其最大耐受浓度值之间的比较,也就是简单的单因子预警模型。这种模型已经不适用于现今复杂的水体系统的预警,但由于其简单直观,常常被用来作为水质综合预警的辅助手段。传统的单因子预警模型,即使只应用于某一因子的预警,在适用范围上也有明显的局限性,因为它完全不能反映此水质因子与各种物理、化学和生物因子之间的相互关系[58]。因此,本节利用多元逐步回归方法科学地对影响某水质因子的变量进行筛选,只将对此水质因子影响最大的一些因子列入回归模型,建立了水质单因子预警回归模型。与传统的单因子预警模型相比,提高了预警的准确度;与一般的多元线性回归模型相比,逐步回归剔除了虚假变量和微小变量,提高了模型的可靠性,并且其对各水质因子的筛选是逐步进行的,避免了原方程出现不真实性的问题。

6.4 设施养殖水质综合预警模型

由前文可知，预警模型是水体恶化预警工作的前提与基础。由于单因子预警并不能综合反映水体的污染状况，因此，采用单因子和多因子预警相结合的方法建立水质综合预警模型能更准确地对水质进行判别。

6.4.1 模糊综合评价预警模型建立

根据第三、四章，在模糊综合评价模型的基础上，本章建立了多因子预警模型，模型表达式如下：

$$E = \sum_{j=1}^{p} \left(b_j \cdot d_j \right) \tag{6-14}$$

式中　b_j——隶属于第 j 等级的隶属度；

　　　d_j—— j 等级隶属度所对应的水质级别。

其中：
$$b_j = \sum_{i=1}^{p} \left(a_i r_{ij} \right)$$

式中　a_i——第 i 个评价因子的权重；

　　　r_{ij}——第 i 个评价因子隶属于第 j 等级的隶属度。

所以：

$$E = \sum_{j=1}^{p} \left(b_j \cdot d_j \right) = \sum_{j=1}^{p} \left[\left(\frac{a_i'}{\sum a_i'} \right) \cdot R \cdot d_j \right] \tag{6-15}$$

其中，对 DO 等越大越优型：

$$a_i' = \frac{b_i}{c_i}$$

对氨氮等越小越优型：

$$a_i' = \frac{c_i}{s_i}$$

式中　a_i——第 i 个因子的评价指标权重；

　　　b_i——水质的分级标准允许最小值；

　　　c_i——第 i 个因子的实测值；

　　　s_i——水质的分级标准允许最大值；

R —— 模糊关系矩阵。

6.4.2 模糊综合评价预警模型实例

同单因子预警模型一样，多因子预警模型首先需要建立预警指标体系，本节建立的预警指标评价体系见表6-3。

表6-3 预警评价体系

E	水质状态	预警级别 E_P
<1	理想状态	无警
$1 \leq E < 2$	良好状态	轻警
$2 \leq E < 3$	一般状态	中警
$3 \leq E < 4$	较差状态	重警
≥ 4	恶劣状态	巨警

对9月16日各养殖池的水质状况进行预警。

由表4-6得到H_1隶属于各水质等级的隶属度及对应水质标准，由公式（6-14）可得：

$$\sum H_1 = \sum_{j=1}^{p} (b_j \cdot d_j) = (b_1 \cdot d_1 + b_2 \cdot d_2 + b_3 \cdot d_3 + b_4 \cdot d_4 + b_5 \cdot d_5)$$

$$= 0.062 + 0.1615 \times 2 + 0.0897 \times 3 + 0.0461 \times 4 + 0.6415 \times 5 = 4.05$$

与表6-3进行比较，9月16日水质的预警级别为巨警，需改善水质。

9月16日及9月23日各实验养殖池的预警值见表6-4。

表6-4 预警实例

时间	实验养殖池	E	水质状态	预警级别
9月16日	H_1	4.05	恶劣	巨警
	H_2	4.12	恶劣	巨警
	H_3	4	恶劣	巨警
	H_4	3.9	较差	重警
9月23日	H_1	2.57	一般	中警
	H_2	1.61	良好	轻警
	H_3	1.98	良好	轻警
	H_4	2.2	一般	中警

从表6-4可以看出，9月16日各实验养殖池的水质较差，需要采取措施改善水

质，9 月 23 日 H_2、H_3 养殖池水质良好，H_1、H_4 养殖池水质一般，达到中警级别，需密切关注，以防水质继续恶化。对实测数据进行分析可得，9 月 16 日各养殖池的氨氮浓度大大超过了安全标准允许的最大浓度，水质状况恶劣；9 月 23 日各养殖池的氨氮浓度较 9 月 16 日有较大改善，但亚硝氮和 COD 含量比 9 月 16 日高，由于对虾对亚硝氮和 COD 的耐受力较氨氮高，所以 9 月 23 日总体水质要优于 9 月 16 日，这与预警结果相符合，所以此多因子预警模型较准确。

6.4.3　设施养殖水质状态预警模型建立

预测是在评价的基础上进行的，而预警又是在评价和预测的基础上实现的，评价→预测→预警的顺序，也符合认识论的渐进过程。预警就是找到能反映水质恶化临界状态的参数和参数值，因此，确定警度的关键在于确定警戒值，其值的合理与否直接影响预警的结果[101]。

预警又分为状态预警和趋势预警[74]。状态预警是对某一特定时间的水质状况进行预警，实质上是对水质现状进行综合评价后，以此为基础进行的预警，也就是说，状态预警是在评价模型基础上进行的。趋势预警是对水质的变化趋势进行预警。因此，本书在评价模型和预测模型的基础上，分别定义水质的状态预警模型和趋势预警模型。

本书第 4 章确定了水质评价级别（表 4-9），本节以此结果为依据，结合表 5-1，确立了以模型计算值作为设施养殖水质预警的级别，定义当水质级别为III级时预警，具体结果见表 6-5。

表6-5　预警级别的确定

预警指数 E	预警级别/水质状况	预警警度
> 0.4	I	无警
$0.3 < zF \leqslant 0.4$	II	轻警
$0.2 < zF \leqslant 0.3$	III	中警
$0.1 < zF \leqslant 0.2$	IV	重警
$\leqslant 0.1$	V	巨警

6.4.4　设施养殖水质状态预警模型实例

本部分以对虾设施养殖水质评价模型为基础，建立了对虾设施养殖水质状态预警模型，模型一般表达式如下：

$$E = W_1 \times F_1 + W_2 \times F_2 + \cdots + W_n \times F_n \qquad (6\text{-}16)$$

$$F_n = a_{ij} \times \frac{c_{\max\text{-}j} - c_{i\text{-}j}}{c_{\max\text{-}j} - c_{\min\text{-}j}}$$

式中，E 为综合预警指数；W_n 为第 n 个公因子的权重；F_n 为第 n 个公因子的值；n 为公因子的序号；i 为第 j 个预警指标因子在第 n 个公因子上的成分负载；j 为预警指标因子的序号；$c_{\max\text{-}j}$ 为第 j 个预警指标的水质标准允许的最大值；$c_{\min\text{-}j}$ 为最小值。当警度为轻警时，应采取措施防止水质进一步恶化，并控制新的污染源产生。当出现中警时，则需要发布警报，依据预警对策，排除警患。

将模型计算结果与表 6-5 中的预警级别值进行比较即可，4 口养殖池在整个试验期间的水质综合评价得分见图 6-1。由图 6-1 可知，在整个试验期间，1#池塘的水质评价结果范围为 0.106~0.558；2#池塘水质综合评价值为 0.116~0.569；3#池塘的水质评价结果范围为 0.027~0.533；4#池塘的水质评价结果范围为 -0.29~0.551。结果显示，在养殖前期（7 月 1 日~9 月 2 日），试验池塘水质的评价得分均大于 0.3（0.376~0.569），即试验前期水质状况优，水质适宜对虾生长；而养殖后期池塘水质评价得分均低于 0.3（-0.29~0.321），水质综合评价结果均在Ⅲ类水质以下，这表明在养殖后期，需要对池塘水质加强管理。

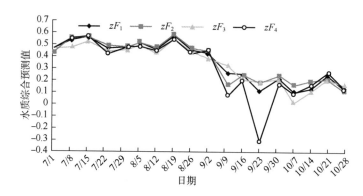

图 6-1 设施养殖综合水质预警结果

通过对实测数据的观察，养殖前期水质各因子的含量，绝大部分均在水质标准要求的范围之内，有超过范围的如 7 月 8 日 2#养殖池的氨氮为 0.06mg/L，但由于其他水质因子状况较好，因此水质状况评价结果为优，这反映了本模型能够充分考虑各水质因子对水质的综合影响，能够客观反映水质的真实状况。

在养殖后期，水质较前期恶化明显，如 9 月 23 日的 4#池塘，其综合水质评价结果为 -0.29，水质级别恶劣，属于巨警级别。实测数据显示，9 月 23 日 4#养殖池的氨氮含量为 1.56mg/L，大大超过对虾对氨氮的耐受极限，即使其他因子的含量在标准范围之内，如亚硝氮等，但由于氨氮含量超标严重，因此水质评价结果为劣，这不仅证明了本模型能够综合反映水质因子之间的相互关系，还证明了在某一指标特别恶化的情况下，本模型依然能够对水质做出准确评价，弥补了以往评价方法必须结合单因子评价方法的不足。

6.4.5　设施养殖水质趋势预警模型建立

水质趋势预警是对一段时间内地下水水质的变化趋势进行预测、判断，即水质虽还未达到恶化或危害程度，但是如果不采取措施，会开始向恶化方向变化前的预警。由于预警的动态性，已经有越来越多的研究开始在 ANNs 基础上建立趋势预警模型。陈新军等（2003）以 ANNs 为基础，提出了渔业资源可持续利用的预警模型[75]。Zhao 等（2007）采用 ANNs 模型，对桥水库的水质进行了预警研究[170]。预警与预测既有区别也有联系，预测是针对未来的某次变动得出的结论，重点在于水质变化的方向和结果，而预警是建立在预测的基础上，侧重未来不同时段的水质变化，重点是在可预见时期内，水质变化的方向及可能引发的后果等[50-51]。因此，本部分内容是在设施养殖水质预测模型的基础上进行的。

6.4.6　设施养殖水质趋势预警模型实例

本部分按照第五章凡纳滨对虾设施养殖水质 ANNs 预测模型的方法，结合设施养殖水质预警级别，确定设施养殖水质趋势预警模型。

（1）输入输出层的确定

预警对象为设施养殖水质，因此，输入层的向量选择为第 6.2.1 小节中确定的预警指标因子，即氨氮、亚硝氮、亚硝氮、DIP、叶绿素-a、COD、BOD_5、pH 及水温，共九项。网络输出层即为预警目标，模型输出为次日的水质级别。

（2）隐含层及节点数的确定

由第五章内容可知，只有一个隐含层的 BP 神经网络就可以实现任意输入和输出层的映射，因此，确定预警模型为三层 BP 神经网络。隐含层节点数的测定，采用试错法，不同隐含层节点数的 BP 神经网络训练误差见表6-6。

表6-6　不同隐含层节点数的BP神经网络训练误差

节点数	3	4	5	6	7	8	9	10	11
网络误差	0.001	0.0009	0.001	0.0002	0.0008	0.001	1.444	8.788	1.571

从表6-6可以看出，隐含层节点数大于6时，误差最小，因此，确定最佳的隐含层节点数为6个，因此，凡纳滨对虾设施养殖水质BP预警模型的结构为9-6-1，网络的拓扑结构见图6-2。

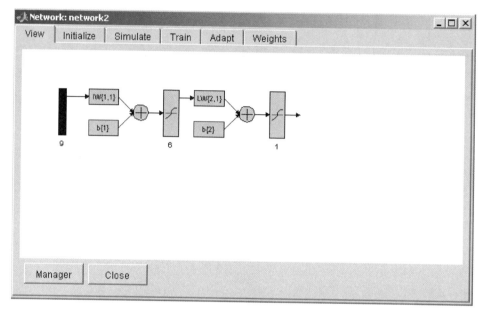

图6-2　凡纳滨对虾设施养殖水质BP预警模型拓扑图

（3）传递函数的确定

预警模型输入层与隐含层之间的传递函数为tansig，隐含层与输出层之间的传递函数为线性传递函数。

（4）数据及预处理

由5.3.2节可知，输入输出样本需要进行归一化处理，按公式（5-4）进行数据的归一化。

（5）网络训练

由5.3.3节可知，共有72组监测数据，用于预警模型训练和验证的共70组。采用trainlm作为模型的训练函数，模型训练通过Matlab的GUI功能实现。

（6）网络仿真

用仿真实验来确定模型的预警结果，结果见图6-3。图6-4表示的是预警模型结果的散点图。由图6-3可以看出，两条曲线几乎是重合的；从图6-4可以看出，仿真值和观测值之间的相关系数 R 为0.99。两图说明预警模型仿真结果较好。

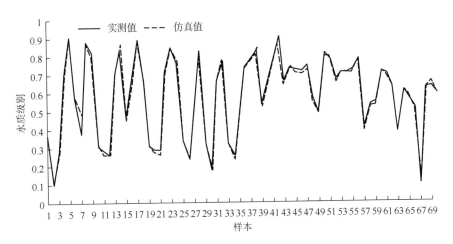

图6-3 凡纳滨对虾设施养殖水质预警模型实测值与仿真值比较

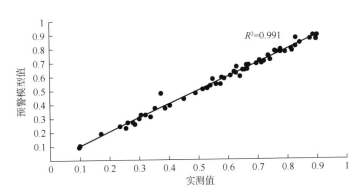

图6-4 凡纳滨对虾设施养殖水质预警仿真散点图

6.5 小结

养殖水质预警具有重要的意义,对养殖水体实施监测,对水质恶化状况进行预警,是实现养殖水质管理的基础,同时也是实现养殖水质安全的重要保障。本章介绍了水质预警的主要特点,确定了预警指标体系,建立了凡纳滨对虾设施养殖水质预警模型。以凡纳滨对虾养殖水环境质量分类标准为基础,建立了水质单因子预警模型,并在传统的单因子预警模型基础上,以多元逐步回归理论为手段,建立了对虾养殖水质单因子预警回归模型,其不仅继承了传统单因子预警模型简单直观的特点,而且还能客观地反映出某水质因子与其他水质因子之间的关系。由于警情的复杂性,建立了凡纳滨对虾设施养殖水质综合预警模型,并将状态预警与趋势预警相结合，在水质评价模型基础上建立了状态预警模型，在预测模型基础上建立了趋势预警模型。趋势预警结果显示，预警结果与实际结果数据相关分析的系数为0.99，说明总体预警效果较好。

第7章

设施养殖水质管理
决策支持系统的
构建与应用

水质管理是一个复杂的过程，需要庞大的数据集合和适合的分析工具来描述水质及其造成的影响[171]。由于 DSS 在解决负责问题上的优势，其在涉及水质管理中的应用越来越广泛。本章结合 DSS 的相关理论及对虾养殖现状，将人类的知识与建模工具相集成，开发了凡纳滨对虾集约化水质管理的决策支持软件系统，以期为养殖过程中的水质管理提供支持。

7.1　设施养殖水质管理决策支持系统开发

本系统采用.Net 2010 开发，基于 Access 数据库引擎开发的 B/S（浏览器和服务器结构）体系，系统运行环境为.NET4.0+IIS7.0 基础环境。

7.2　设施养殖水质管理决策支持系统总体设计

7.2.1　系统设计方案选择

DSS 的最终目的是辅助管理者做出科学合理的决策[88]。决策支持系统辅助决策的方式可分为以下四种：基于数据的、基于模型的、基于知识的和基于方案的辅助决策等。一般来说，模型驱动的 DSS 利用管理者所提供的参数及数据来辅助对于某种状况的判断，而且，模型驱动的 DSS 通常并不是数据密集型的，不需要大规模的数据库。因此本章使用的是基于模型的辅助决策[88-92]。

7.2.2　系统框架结构

水质管理决策支持系统包括 4 个模块：数据录入、水质评价、水质预测及水质预警模块。

系统由四部分组成，分别为用户端、模型库、知识库和数据库（图 7-1）。这种结构的主要优点是可以将知识库用于数据库、模型库，并且完成用户端与这些部分的集成[79]。

① 用户端：用户端可以用来进行数据输入和结果显示，可以将数据和结果简洁明了地显示出来。使用者通过计算机终端判断对象养殖池的水质现状及变化趋势。

② 模型库：模型库是由一系列与水质评价、预测和预警相关的模型组成，在

模型库系统下，可以对模型进行存储、修改、增加、查询和调用。

③ 知识库：知识库是对某一特定领域的陈述型和过程型知识的集合。通过知识库与模型库的交流，也有助于选择最合适的模型进行计算。知识库管理系统具有存储、查询、修改和更新等功能。

④ 数据库：数据库中存储有监测时期内的凡纳滨对虾设施养殖池塘的所有有效监测数据及水质变动信息，包括物理因子（如气温、水温等）、化学因子（如氮、磷等）及生物因子（如叶绿素-a 等）。

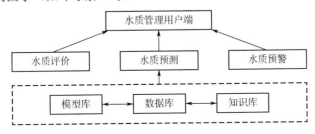

图7-1　设施养殖水质管理系统框架结构图

7.2.3　系统运行结构

系统的运行过程见图 7-2。模型本身既能够完成某种辅助决策，又能作为组合模型的一部分进行工作。按照一定逻辑关系组合起来的多个模型叫做组合模型，包括顺序、选择和循环三种基本结构（图 7-2）。

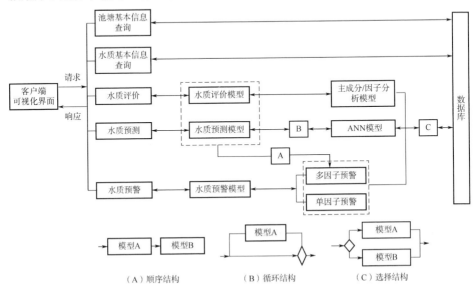

图7-2　设施养殖水质DSS系统运行示意图

7.3　设施养殖水质管理决策支持系统功能模块

系统主要分为水质指标和监测数据录入模块、水质评价模块和水质预警3个模块。系统可以实现对数据采集与整理、计算、水质评价和预警等功能。

7.3.1　水质监测数据和水质指标录入

系统中的数据包括各种监测仪器自动采集的数据、人工采样测定的数据、历史数据等。数据层从功能来讲，包括初始数据的输入、删除、查询及更改等。由于数据存储量大，一般将数据组织成模型形式，易于进行大量的数据操作，典型的数据组织模型有网络模型、层次模型和关系模型等。根据设施养殖水质监测数据的特点，本部分使用的是关系模型[78-80]。

7.3.2　水质评价

专属模块层是整个水质管理系统的核心，包括水质监测和水质评价工作必需的模型库、方法库和知识库等。本系统的评价模块包括以下几个步骤：数据的分析、评价指标的建立及指标的量化[73, 86]，这些均在评价模块中完成。

本系统中的水质评价结果依据水质评价模型的计算值进行显示，即对水质变化危害及其后果变成现实的可能性定量化的过程，根据本书第三章的水质评价模型，将其分为单因子水质评价和多因子水质评价。若根据功能管理的形态进行划分，水质评价的管理包括静态管理和运行管理。静态管理包括数据的查询、录入、替换和修改等；运行管理则包括模型的选取和计算等。

7.3.3　水质预警

对养殖水质做出预警是本系统最主要的功能之一。设施养殖水质的预警不同于环境水体等的水质预警，因为它针对的是特定的养殖品种，不同的养殖物，其水质指标也不尽相同，因此针对养殖水质进行预警决策是一个相当复杂的过程。由于养殖水质污染的不可逆性，管理者需要在其恶化之前，提出预警预报，以便及时采取措施，减少或降低水质恶化带来的危害。本节根据凡纳滨对虾设施养殖的需求建立了相应的预警体系。在DSS总体框架下，将数据库、模型库、知识库及用户端有机集成，实现水质变化过程中的动态计算[21]。

水质预警模块可分为以下四个步骤：信息收集阶段、评价及预测阶段、预警阶段及决策阶段，这些均在预警模块中完成。根据第五章的内容，本系统将预警分为单因子预警（单因子预警及基于多元回归的单因子预警）及多因子预警。养殖水质预警的过程是根据评价值和预测值来进行水质指标的预警，即将模型得到的计算值与预警级别进行比较，是一个数据分析、模型建立及比对的过程[32]。在判断警情后，用红色标识进行预警。

7.3.4　水质预警对策

当通过实测的指标浓度进行评价和预警之后，发现警情要及时处理，这是水质管理的重要环节，也是良好水质的基础保证，现将警情发生时的水质预控对策总结如下：

氨氮和亚硝氮：养殖水体产生氨氮、亚硝氮的原因一方面为底质严重恶化，残留饲料、粪便和死亡生物尸体等有机物沉淀，另一方面是由于使用消毒剂，使水体生态系统失衡，有机物得不到完全氧化和分解所致。因此，在养殖前期，可以使用活化细菌调理水质，使水体自然生态系统得到良性循环；在养殖中期使用光合细菌改善底质和水质；在养殖后期则使用硝化素，促进水体生态系统的良性运转。另外可在饲料中添加对虾病毒净，提高养殖生物的活力。对于无换水条件的养殖池，可以暂时泼洒 $30\sim50mg/kg$ 的沸石粉救急。

pH：养殖池水体 pH 值过高时，可施用降碱菌（醋酸菌及乳酸菌制剂）或明矾调节；pH 值过低可施用熟石灰调节。若 pH 值不稳定，可施用大理石粉、白云石粉（碳酸钙）和小苏打，以提高水体的缓冲能力（即增加水体中二氧化碳的浓度）。要注意，调节 pH 值的操作应在蓄水池中进行，调整完成后再进入设施养殖系统，以免破坏系统中的微生物。

DO：一般来说，设施养殖的密度较高，养殖生物对水中的溶解氧要求较高，一旦出现缺氧浮头，养殖生物的免疫抗病能力和生长速度急剧下降，致病微生物乘虚而入，导致疾病发生。缺氧浮头容易发生在早晨 6 时左右，在养殖季节，特别是恶劣天气，要加强系统监测，发现养殖生物有缺氧征兆时，立即开启增氧设备，加注新水，或用增氧粉、增氧水等急救。缺氧浮头现象暂时解除之后，要采取措施以防再次缺氧，养殖从业对象应随时备用应急增氧剂。

COD：COD 过高时，如果是因为水中悬浮物较多，有条件的可以换新水或增大蛋白质分离器的处理效率，可以用浓度为 $20\sim30mg/kg$ 的沸石粉在蓄水池调节；如果是因为浮游生物过多，无换水条件的可以用浓度为 $0.7mg/kg$ 的硫酸铜及硫酸亚铁合剂（5：2）暂时降低 COD，待系统稳定后，重新调整系统参数。

7.4 设施养殖水质管理决策支持系统实现

7.4.1 系统主界面

图 7-3 是系统的登录界面。系统启动后，进入主菜单界面（图 7-4），主菜单包括：数据录入、水质评价、水质预测和水质预警及退出 4 项功能。

图7-3 系统登录界面

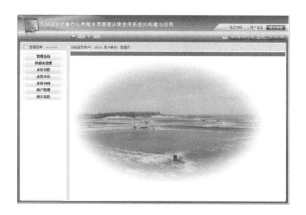

图7-4 主菜单界面

7.4.2 数据录入

为了让计算变得快速、准确和方便，系统引入了 11 项与对虾养殖水质相关的水质因子，因此，数据录入界面包括池塘的编号及水质因子，实现对主要水质物理因子（水温、溶解氧及 pH 值）、化学因子（氨氮、亚硝氮、硝氮、无机磷、COD

及 BOD$_5$）及生物因子（叶绿素-a）等进行添加、修改、删除和查询。

7.4.3 功能实现

用户进入功能界面后，在输入相关模型的参数后，模型运行，并将水质评价结果以数值的方式输出。使用监测数据对系统功能进行验证，数据随机选择，评价及预警结果如下。图 7-5 使用的是 1 号池塘在养殖初期水质的监测数据（日期）；图 7-6 用的是 2 号池塘养殖中期的数据（日期）；图 7-7 使用的是 4 号池塘养殖后期的数据（日期）。

如图所示，1 号池塘在养殖前期的水质评价结果为理想状态；2 号池塘养殖中期的水质状况良好；4 号池塘养殖后期的水质恶劣，这与模型分析结果完全一致，说明系统计算结果准确，该系统适用于对虾水质评价，且方便快捷。

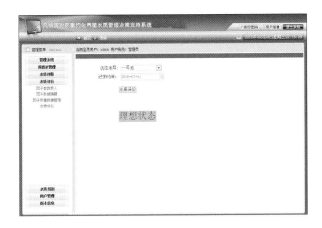

图7-5　1号池塘养殖前期水质评价界面

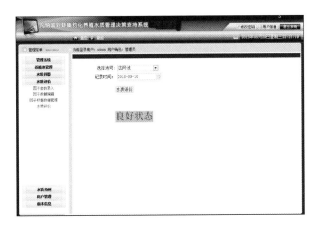

图7-6　2号池塘养殖中期水质评价界面

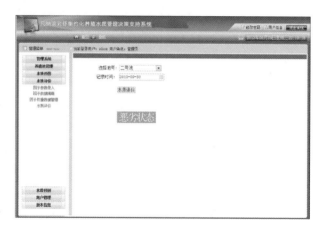

图7-7 4号池塘养殖后期水质评价界面

7.5 小结

本章主要论述了 DSS 在凡纳滨对虾设施养殖水质管理的应用。首先确定了系统的结构为基于模型的辅助决策系统，然后分别给出了对虾设施养殖水质管理决策支持系统的框架结构和运行结构。在确定系统结构的基础上，结合对虾养殖实际，将系统分为实测数据录入、水质评价、水质预测和水质预警四个主要模块，并实现了系统的运行和可视化。

参考文献

[1] 苗群. 南四湖水环境质量评价研究 [D]. 青岛：青岛大学，2008.

[2] WILLIAM W S，JERRY L F. Instream community assessment of aquaculture effluents [J]. Aquaculture，2004，231，149-162.

[3] 程波. 对虾封闭循环水养殖系统中 Cu^{2+} 的生态效应 [D]. 青岛：中国科学院海洋研究院，2012.

[4] 张静. 深圳湾水环境综合评价及环境容量研究 [D]. 大连：大连海事大学，2010.

[5] 田炜，王平，谢湉，等. 地表水质模型应用研究现状与趋势 [J]. 现代农业科技，2008（3）：192-195.

[6] 郭劲松，李胜海，龙腾锐. 水质模型及其应用研究进展 [J]. 重庆建筑大学学报，2002，24（2）：190-205.

[7] CHEN G N. Assessment of environmental water with fuzzy cluster analysis and fuzzy recognition [J]. Analytica Chimica Acta. 1993，271：115-124.

[8] 崔永华，左其亭. 基于 Hopfield 网络的水质综合评价及其 matlab 实现 [J]. 水资源保护，2007，23（3）：14-16.

[9] 方红卫，孙世群，朱雨龙，等. 主成分分析法在水质评价中的应用及分析 [J]. 环境科学与管理，2009，34（12）：152-154.

[10] 蒋同斌，李继玲. 基于多元统计分析的水环境质量评价及趋势分析 [J].南昌师范大学学报，2010，10（4）：52-56.

[11] 李文生. 基于因子分析的水质综合指标评价法及其应用 [J]. 中北大学学报，2011，32（2）：207-211.

[12] 金腊华. 环境评价方法与实践. 北京：化学工业出版社，2005.

[13] 李媛媛. 鄱阳湖星子-蛤蟆石段水质评价与水质预测研究 [D]. 南昌：南昌大学，2007.

[14] 徐新阳. 环境评价教程. 北京：化学工业出版社，2004.

[15] 张征. 环境评价学. 北京：高等教育出版社，2004.

[16] 陆雍森. 环境评价. 上海：同济大学出版社，1999.

[17] 马太玲，朝伦巴根，高瑞忠，等. 水质模糊贴近度模型中权值的遗传算法解 [J]. 环境工程，2006，5：77-79.

[18] WANG Q，XU J C，FU T，et al. A fuzzy analytic hierarchy process application in comprehensive evaluation of artificial landscape water health，bioinformatics and biomedical engineering [J]. ICBBE 2009，3rd International Conference on：1-4，11-13.

[19] GARFÌ M，FERRER-MARTÌ L，BONOLI A，et al. Multi-criteria analysis for improving strategic environmental assessment of water programmes. A case study in semi-arid region of Brazil [J]. Journal of Environmental Management，2011，92：665-675.

[20] SIMEONOV V，STRATIS J A，SAMARA C，et al. Assessment of the surface water quality

in northern Greece [J]. Water Research, 2003, 37: 4119-4124.

[21] 张微微, 孙丹峰, 李红, 等. 北京密云水库流域 1980-2003 年地表水质评价 [J]. 环境科学, 2010, 31 (7): 1483-1491.

[22] 陈秋玲. 我国主要流域水体污染评价、预警管理及污染原因探究 [J]. 上海大学学报（自然科学版）, 2004, 10 (4): 420-425.

[23] 谢洪波. 焦作市地下水质量综合评价及污染预警研究 [D]. 西安: 长安大学, 2008.

[24] 徐良骥. 煤矿塌陷水域水质影响因素及其污染综合评价方法研究 [D]. 淮南: 安徽理工大学, 2009.

[25] FERREIRA N C, BONETTI C, SEIFFERT W Q. Hydrological and water quality indices as management tools in marine shrimp culture [J]. Aquaculture, 2011, 318: 425-433.

[26] KARMAKAR S, MUJUMDAR P P. A two-phase grey fuzzy optimization approach for water quality management of a river system [J]. Advances in Water Research, 2007, 30: 1218-1235.

[27] SOTO B. Assessment of trends in stream temperatures in the north of the Iberian peninsula using a nonlinear regression model for the period 1950-2013 [J]. River Research and Applications, 2016, 32 (6): 1355-1364.

[28] 刘晴. 渔业环境评价与生态修复. 北京: 海洋出版社, 2011.

[29] 王维, 纪枚, 苏亚楠. 水质评价研究进展及水质评价方法综述 [J]. 科技情报开发与经济, 2012, 22 (13): 129-131.

[30] 牟春友, 徐坤. 在评价微污染水体中均值污染指数评价方法和活性污染指数评价方法的比较 [J]. 中国环境监测, 2009, 25 (3): 104-106.

[31] 陈仁杰, 钱海雷, 袁东, 等. 改良综合指数法及其在上海市水源水质评价中的应用 [J]. 环境科学学报, 2010, 30 (2): 431-437.

[32] 单玉芳. 模糊综合评价在水环境质量评价中的应用研究 [D]. 南京: 河海大学, 2006.

[33] 刘荣珍, 赵军. 模糊评价模型在长江水质评价中的应用 [J]. 兰州交通大学学报（自然科学版）, 2007 (6): 50-52.

[34] MPIMPAS H, ANAGNOSTOPOULOS P, GANOULIS J. Modelling of water pollution in the Thermaikos Gulf with fuzzy parameters [J]. Ecological Modelling, 2001, 142: 91-104.

[35] 王瑞梅, 傅泽田, 何有缘, 等. 渔业水域水质模糊综合评价模型研究 [J]. 中国农业大学学报, 2005, 10 (6): 51-55.

[36] ICAGA Y. Fuzzy evaluation of water quality classification [J]. Ecological Indicators, 2007, 7: 710-718.

[37] 吴开亚, 金菊良, 魏一鸣. 流域水安全预警评价的智能集成模型 [J]. 水科学进展, 2009, 20 (4): 518-525.

[38] 孟祥宇, 徐得潜. 流域水质评价模糊综合评判模型及其应用 [J]. 环境保护科学, 2009, 35 (2): 92-94.

[39] KAZI T G, ARAIN M B, JAMALI M K, et al. Assessment of water quality of polluted lake using multivariate statistical techniques: A case study [J]. Ecotoxicology and Environmental

Safety, 2009, 72: 301-309.

[40] 刘威, 尚金城. 主成分分析在近年来松花江吉林段水质研究中的应用[J]. 北方环境, 2010 (22): 45-48.

[41] FERREIRA N C, BONETTI C, SEIFFERT W Q. Hydrological and water quality indices as management tools in marine shrimp culture [J]. Aquaculture, 2011, 318: 425-433.

[42] KARMAKAR S, MUJUMDAR P P. A two-phase grey fuzzy optimization approach for water quality management of a river system [J]. Advances in Water Research, 2007, 30: 1218-1235.

[43] NICKERSON D M, MADSEN B C. Nonlinear regression and ARIMA models for precipitation chemistry in East Central Florida from 1978 to 1997 [J]. Environmental Pollution, 2005, 135: 371-379.

[44] MAIER H R, JAIN A, DANDY G C, et al. Methods used for the development of neural networks for the prediction of Water Resource variables in river systems: Current status and future directions [J]. Environmental Modelling & Software, 2010, 25 (8): 891-909.

[45] CARBAJAL-HERNÁNDEZ J J, SÁNCHEZ-FERNÁNDEZ L P, CARRASCO-OCHOA J A, et al. Immediate water quality assessment in shrimp culture using fuzzy inference systems [J]. Expert Systems with Applications, 2012, 39: 10571-10582.

[46] SHU J. Using neural network model to predict water quality [J]. Northern Environmental, 2006, 31: 44-46.

[47] 李祚泳. BP 网络用于水质综合评价方法的研究 [J]. 环境工程, 1995, 13 (2): 51-53.

[48] HANBAY D, TURKOGLU I, DEMIR Y. Prediction of wastewater treatment plant performance based on wavelet packet decomposition and neural networks [J]. Expert Systems with Applications, 2008, 34: 1038-1043.

[49] YABUNAKA K I, HOSOMI M, MURAKAMI A. Novel application of back-propagation artificial neural network model formulated to predict algal bloom [J]. Water Science and Technology, 1997, 36 (5): 89-97.

[50] WEI B, SUGIURA N, MAEKAWA T. Use of artificial neural network in the prediction of algal blooms [J]. Water Resource, 2001, 35 (8): 2022-2028.

[51] 杨琴, 谢淑云. BP 神经网络在洞庭湖氨氮浓度预测中的应用 [J]. 水资源与水工程学报, 2006 (1): 65-70.

[52] MEMON N A, UNAR M A, ANSARI A K, et al. Prediction of parametric value of drinking water of hyderabad city by artificial neural network modeling [J]. Wseas Transactions on Environment and Development, 2008, 8 (4): 707-716.

[53] PALANI S, LIONG S Y, TKALICH P. An ANN application for water quality forecasting [J]. Marine Pollution Bulletin, 2008, 56 (9): 1586-1597.

[54] MAY D B, SIVAKUMAR M. Prediction of urban stormwater quality using artificial neural networks [J]. Environmental Modelling & Software, 2009, 24: 296-302.

[55] 詹海刚, 施平, 陈楚群. 利用神经网络反演海水叶绿素浓度 [J]. 科学通报, 2000, 45 (17):

1879-1884.

[56] 邬红鹃, 郭生练, 胡传林, 等. 水库浮游植物群落动态的人工神经网络方法 [J]. 海洋与湖沼, 2001, 32 (3): 267-273.

[57] YU R F. Feed-forward dose control of wastewater chlorination using on-line pH and ORP titration [J]. Chemosphere, 2004, 56: 973-980.

[58] KUO J T, HSIEH M H, LUNG W S, et al. Using artificial neural network for reservoir eutrophication prediction [J]. Ecological Modelling, 2007, 200 (1/2): 171-177.

[59] SINGH K P, BASANT A, MALIK A, et al. Artificial neural network modeling of the river water quality-A case study [J]. Ecological Modelling, 2009, 220 (6): 888-895.

[60] RANKOVIĆ V, RADULOVIĆ J, RADOJEVIĆ I, et al. Neural network modeling of dissolved oxygen in the Gruža reservoir, Serbia [J]. Ecological Modelling, 2010, 221 (8): 1239-1244.

[61] SKOGEN M D, EKNES M, ASPLIN L C, et al. Modelling the environmental effects of fish farming in a norwegian fjord [J]. Aquaculture, 2009, 298: 70-75.

[62] 孙洁. 企业财务危机预警的智能决策方法研究 [D]. 哈尔滨: 哈尔滨工业大学, 2007.

[63] 朱平. 区域水资源预警方法研究 [D]. 扬州: 扬州大学, 2007.

[64] 何进朝. 突发性水污染事故预警应急系统研究 [D]. 成都: 四川大学, 2005.

[65] FUJITA S, MINAGAWA K, TANAKA G, et al. Intelligent seismic isolation system using air bearings and earthquake early warning [J]. Soil Dynamics and Earthquake Engineering, 2011, 31 (2): 223-230.

[66] 王瑞梅, 何有缘, 傅泽田. 淡水养殖池塘水质预警模型 [J]. 吉林农业大学学报, 2011, 33 (1): 84-88.

[67] MARADONA A, MARSHALL G, MEHRVAR M, et al. Utilization of multiple organisms in a proposed early-warning biomonitoring system for real-time detection of contaminants: preliminary results and modeling [J]. Journal of Hazardous Materials, 2012: 95-102, 219-220.

[68] 于承先, 徐丽英, 邢斌, 等. 集约化水产养殖水质预警系统的设计与实现 [J]. 计算机工程, 2009, 35 (17): 268-270.

[69] YANG H Q. Biological early warning system for prawn aquiculture [J]. Procedia Environmental Sciences, 2011, 10: 660-665.

[70] 计红, 韩龙喜, 刘军英, 等. 水质预警研究发展探讨 [J]. 水资源保护, 2011, 27 (5): 39-42.

[71] 洪梅, 赵勇胜, 张博. 地下水水质预警信息系统研究 [J].吉林大学学报, 2002, 32 (4): 364-369.

[72] SPIELHAGEN R F. Hotspots in the Arctic: Natural archives as an early warning system for global warming [J]. Geology, 2012 (40): 1055-1056.

[73] LI N, WANG R M, ZHANG J, et al. Developing a knowledge-based early warning system for fish disease/health via water quality management [J]. Expert Systems with Applications, 2009, 36 (3): 6500-6511.

[74] XING B, LI D L, WANG J Q, et al. An early warning system for flounder disease [J]. IFIP Advances in Information and Communication Technology, 2009, 294: 1011-1018.

[75] 陈新军, 周应祺. 基于 BP 模型的渔业资源可持续利用预警系统评价 [J]. 中国渔业经济, 2003 (3): 23-25.

[76] 王立刚, 王迎春, 邱建军, 等. 中国农区水体环境质量预警体系构建 的研究 [J]. 农业工程学报, 2008, 24 (5): 217-220.

[77] BOTTERWEG T, RODDA D W. Danube river basin: progress with the environmental programme [J]. Water Science and Technology, 1999, 40 (10): 1-8.

[78] STOREY M V, GAAG B, BURNS B P. Advances in on-line drinking water quality monitoring and early warning systems [J]. Water Research, 2011, 45 (2): 741-747.

[79] JIN D W, ZHENG G, LIU Z B, et al. Real-Time monitoring and early warning techniques of water inrush through coal floor [J]. Procedia Earth and Planetary Science, 2011 (3): 37-46.

[80] VAN VEEN B A D, VATVANI D, ZIJL F. Tsunami flood modelling for Aceh & west Sumatra and its application for an early warning system [J]. Continental Shelf Research. http://dx.doi.org/10.1016/ j.csr.2012.08.020.

[81] 谭跃进. 决策支持系统. 第 2 版. 北京: 电子工业出版社, 2015.

[82] 图尔班. 决策支持系统和智能系统. 第 7 版. 杨东涛, 钱峰, 译. 北京: 机械工业出版社, 2009.

[83] 姚苏. 智能决策支持系统 [J]. 甘肃科技, 2011, 27 (1): 22-24.

[84] HOANG T H, MOUTON A, LOCK K, et al. Integrating data-driven ecological models in an expert-based decision support system for water management in the Du river basin (Vietnam) [J]. Environmental Monitoring & Assessment, 2012, DOI:10.1007/s10661-012-2580-6.

[85] OSMOND D L, CANNON R W, GALE J A, et al. Watershedss: A decision support system for watershed-scale Nonpoint source water quality problems [J]. Journal of the American Water Resources Association, 1997, 33 (2): 327-341.

[86] LOVEJOY S B, LEE J G, RANDHIR T O, et al. Research needs for water quality management in the 21st century-A spatial decision support system [J]. Journal of Soil and Water Conservation, 1997, 52 (1): 18-22.

[87] MYSIAKA J, GIUPPONI C, ROSATO P. Towards the development of a decision support system for water resource management [J]. Environmental Modelling & Software, 2005, 20, 203-214.

[88] 王一军. 环境决策支持系统的关键技术研究 [D]. 长沙: 中南大学, 2009.

[89] 张凯, 李明强, 姜帆. 湖北省突发事件预警应急智能决策支持系统 [J]. 电脑开发与应用, 2007, 20 (4): 17-19.

[90] ASSAF H, SAADEH M. Assessing water quality management options in the Upper Linhi Basin, Lebanon, using an integrated GIS-based decision support system [J]. Environmental Modelling & Software, 2008, 23: 1327-1337.

[91] NASIRI F, MAQSOOD I, HUANG G, et al. Water Quality Index: A fuzzy river-pollution

decision support expert system [J]. Journal of Water Resources Planning and Management, 2007, 133（2）: 95-105.

[92] ARGENT R M, PERRAUD J M, RAHMAN J M, et al. A new approach to water quality modelling and environmental decision support systems [J]. Environmental Modelling & Software, 2009, 24（7）: 809-818.

[93] TENNAKOON S, ROBINSON D, SHEN S Y. Decision support system for temporal trend assessment of water quality data [J]. 18th World IMACS/MODSIM Congress, Cairns, Australia, 2009.

[94] ZHANG X D, HUANG G H, NIE X H, et al. Model-based decision support system for water quality management under hybrid uncertainty [J]. Expert Systems with Applications, 2011, 38: 2809-2816.

[95] SEMENZIN E, ZABEO A, VON DER OHE P C, et al. The role of reference conditions in water quality assessment: application of a fuzzy logic-based Decision Support System（DSS）in the Danube and Elbe River Basins [J]. River Systems, 2012, 20（1/2）: 23-40.

[96] FENG S, LI L X, DUAN Z G, et al. Assessing the impacts of south-to-north water transfer project with decision support systems [J]. Decision Support Systems, 2007（42）: 1989-2003.

[97] 刘宴辉, 申一尘, 王绍祥, 等. 黄浦江水源水质监控与预警系统研究及应用 [J]. 给水排水, 2010, 36（11）: 119-121.

[98] 郭羽, 贾海峰. 水污染预警 DSS 系统框架下的白河水质预警模型研究[J]. 环境科学, 2010, 31（12）: 2866-2872.

[99] MATTHIES M, GIUPPONI C, OSTENDORF B. Environmental decision support systems: Current issues, methods and tools [J]. Environmental Modelling & Software, 2007, 22（2）: 123-127.

[100] AHMAD S, SIMONOVIC S P. An intelligent decision support system for management of floods [J]. Water Resources Management, 2009, 20: 391-410.

[101] 马真. 凡纳滨对虾设施养殖水质预警模型的研究 [D]. 青岛: 中国海洋大学, 2010.

[102] HOPKINS J S, SANDIFER P A, BEOWDY C L, et al. Comparison of exchange and no-exchange water management strategies for the intensive pond culture of marine shrimp [J]. Journal of Shellfish Research, 1996, 15: 441-445.

[103] MOULLAC G L, HAFFNER P. Environmental factors affecting immune responses in crustacea [J]. Aquaculture, 2000, 191: 121-131.

[104] 王娟, 曲克明, 刘海英, 等. 不同溶氧条件下亚硝酸盐和氨氮对中国对虾的急性毒性效应 [J]. 海洋水产研究, 2007, 28（6）: 1-6.

[105] 张沛东. 对虾行为生理生态学的实验研究 [D]. 青岛: 中国海洋大学, 2006.

[106] ALLAN E L, FRONEMAN P W, HODGSON A N. Effects of temperature and salinity on the standard metabolic rate（SMR）of the caridean shrimp *Palaemon peringueyi* [J]. Journal of Experimental Marine Biology and Ecology, 2006, 337: 103-108.

[107] DIAZ F，FARFAN C，SIERRA E，et al. Effects of temperature and salinity fluctuation on the ammonium excretion and osmoregulation of juveniles of *Penaeus vannamei*，Boone [J]. Marin and Freshwater Behaviour and physiology，2001，34（2）：93-104.

[108] 李玉全. 工厂化养殖系统分析及主要养殖因子对对虾生长、免疫及氮磷收支的影响 [D]. 青岛：中国海洋大学，2006.

[109] 潘腾飞，齐树亭，武洪庆，等. 影响池塘养殖水体溶解氧的主要因素分析 [J]. 安徽农业科学，2010，38（17）：9155-9157.

[110] 韩君. 黄海物理环境对浮游植物水华影响的数值研究 [D]. 青岛：中国海洋大学，2008.

[111] 何义进，周群兰，刘勃，等. 不同增氧方式对中华绒螯蟹养殖池塘水质的影响 [J]. 渔业现代化，2009，36（4）：23-26.

[112] 彭聪聪，李卓佳，曹煜成，等. 虾池浮游微藻与养殖水环境调控的研究概况 [J]. 南方水产，2010，6（5）：74-80.

[113] LI E，CHEN L Q，ZENG C，et al. Growth，body composition，respiration and ambient ammonia nitrogen tolerance of the juvenile white shrimp，*Litopenaeus vannamei*，at different salinities [J]. Aquaculture，2007，265：385-390.

[114] VARADARAJU S，NAGARAJ M K，BADAMI S H. Changes in soil and water quality parameters in selected shrimp culture tanks and its influence on shrimp production [J]. Indian Journal of Fishries，2011，57：79-82.

[115] LIU C H，CHEN J C. Effect of ammonia on the immune response of white shrimp *Litopenaeus vannamei* and its susceptibility to Vibrioalginolyticus [J]. Fish Shellfish Immunol，2004，16：321-334.

[116] ZHANG P D，ZHANG X M，LI J，et al. Effect of salinity on survival，growth，oxygen consumption and ammonia-N excretion of juvenile white leg shrimp，*Litopenaeus vannamei* [J]. Aquaculture Research，2009，40：1419-1427.

[117] LIN Y C，CHEN J C. Acute toxicity of ammonia on *Litopenaeus vannamei* Boone juveniles at different salinity levels [J]. Journal of Experimental Marine Biology and Ecology，2001，259:109-119.

[118] SILVA C A R，DAVALOS P B，STERNBERG L S L，et al. The influence of shrimp farms organic waste management on chemical water quality [J]. Estuarine Coastal and Shelf Science，2010，90：55-60.

[119] GB 11607—89. 中华人民共和国渔业水质标准. 国家环境保护局.

[120] 徐立蒲，殷守仁. 淡水浮游藻类在池塘养殖中的负面影响 [J]. 中国水产，2002（6）：66-67.

[121] GB 17378.4—2007 海洋监测规范. 第 4 部分：海水分析[S]. 北京：中国标准出版社，2007.

[122] 申玉春，张显华，王亮，等. 池塘沉积物的理化性质和细菌状况的研究 [J]. 中国水产科学，1998，5（1）：113-117.

[123] ZANG W L，YANG M，DAI X L，et al. Regulation of water quality and growth characteristics of indoor raceway culture of *Litopenaeus vannamei* [J]. Chinese Journal of

Oceanology and Limnology, 2009, 27: 740-747.

[124] 杨晓珊. 滇池外海 COD 与叶绿素-a 相关关系探讨 [J]. 云南环境科学, 1996, 15（2）: 36-37.

[125] ALLAN G L, MAGUIRE G B. Effect of sediment on growth and acute ammonia toxicity for the school prawn, *Metapenaeus macleayi* （Haswell）[J]. Aquaculture, 1995, 113（1/2）: 59-71.

[126] AVNIMELECH Y, RITVO G. Shrimp and fishpond soils: processes and management [J]. Aquaculture, 2003, 220: 549-567.

[127] 彭希珑. 南昌市大气 PM10、PM2.5 的污染特征及来源解析 [D]. 南昌: 南昌大学, 2009.

[128] 徐昶. 中国特大城市气溶胶的理化特性、来源及其形成机制 [D]. 上海: 复旦大学, 2010.

[129] 邓义祥, 郑丙辉, 雷坤, 等. 水质模型参数识别与验证的探讨 [J]. 环境科学与管理, 2008, 33（5）: 42-45.

[130] 卢善龙. 基于地质要素的金衢盆地环境数值模型的建立 [D]. 杭州: 浙江大学, 2008.

[131] 马进军. 城市再生水的风险评价与管理 [D]. 北京: 清华大学, 2008.

[132] 邱薇. 黑龙江省资源与生态承载力和生态安全评估研究 [D]. 哈尔滨: 哈尔滨工业大学, 2008.

[133] PAULO C, TSUNEO T, TOSHIHARU K. Operation of storage reservoir for water quality by using optimization and artificial intelligence techniques [J].Mathematics and Computers in Simulation, 2004, 67: 419-432.

[134] SADIQ R, HAJI S A, COOL G, et al. Using penalty functions to evaluate aggregation models for environmental indices [J]. Journal of Environmental Management, 2010, 91（3）: 706-716.

[135] ENRIQUE S, MANUEL F C, JUAN V, et al. Use of the water quality index and dissolved oxygen deficit as simple indicators of watersheds pollution [J]. Ecological Indicators, 2007, 7: 315-328.

[136] REGHUNATH R, MURTHY T R S, RAGHAVAN B R. The utility of multivariate statistical techniques in hydrogeochemical studies: an example from Karnataka, India [J]. Water Research, 2002, 36: 2437-2442.

[137] SINGH K P, MALIK A, MOHAN D, et al. Multivariate statistical techniques for the evaluation of spatial and temporal variations in water quality of Gomti River （India）: a case study [J]. Water Research, 2004, 38: 3980-3992.

[138] SHRESTHA S, KAZAMA F. Assessment of surface water quality using multivariate statistical techniques: A case study of the Fuji river basin, Japan [J]. Environmental Modelling & Software, 2007, 22: 464-475.

[139] QI Z, LI Z, ZENG G, et al. Assessment of surface water quality using multivariate statistical techniques in red soil hilly region: a case study of Xiangjiang watershed, China [J]. Environmental Monitoring and Assessment, 2009, 152: 123-131.

[140] KUNWAR P S, AMRITA M, SARITA S. Assessment of the surface water quality in northern Greece [J]. Water Research, 2003, 37: 4119-4124.

[141] 刘臣辉, 吕信红, 范海燕. 主成分分析法用于环境质量评价的探讨 [J]. 环境科学与管理, 2011, 36（3）: 183-186.

[142] 赵军庆, 张彦. 主成分分析与聚类分析在白洋淀水质评价中的应用[J]. 环境科学与技术, 2009, 32: 425-428.

[143] NAGEL J W. A water quality index for contact recreation [J]. Water Science and Technology, 2001, 43: 285-292.

[144] ADRIANO A B, RITA T, WILLIAM J W. A water quality index applied to an international shared river basin: The case of the Douro River [J]. Environmental Management, 2006, 38: 910-920.

[145] PESCE S F, WUNDERLIN D A. Use of water quality indices to verify the impact of Cordoba City（Argentina）on Suquia River [J]. Water Research, 2000, 34: 2915-2926.

[146] LIN Y, CHEN J. Acute toxicity of nitrite on *Litopenaeus vannamei*（Boone）juveniles at different salinity levels [J]. Aquaculture, 2003, 224: 193-201.

[147] CHAN C L, ZALIFAH M K, NORRAKIAH A S. Microbiological and physicochemical quality of drinking water [J]. The Malaysian Journal of Analytical Sciences, 2007, 11（2）: 414-420.

[148] LIU C W, LIN K H, KUO Y M. Application of factor analysis in the assessment of ground water quality in a blackfoot disease area in Taiwan [J]. Science of the Total Environment, 2003, 313: 77-89.

[149] LOVE D, HALLBAUER D, AMOS A, et al. Factor analysis as a tool in groundwater quality management: two southern African case studies [J]. Physics and Chemistry of the Earth, 2004, 29: 1135-1143.

[150] SARBU C, POP H F. Principal component analysis versus fuzzy principal component analysis. A case study: the quality of Danube water（1985-1996）[J]. Talanta, 2005, 65: 1215-1220.

[151] UNMESH C P, SANJAY K S, PRASANT R, et al. Application of factor and cluster analysis for characterization of river and estuarine water systems-A case study: Mahanadi River（India）[J]. Journal of Hydrology, 2006, 331: 434-445.

[152] Australian Government. Australian drinking water guidelines.[2004]. http://www.nhmrc.gov.au/_files_nhmrc/file/publications/synopses/adwg_11_06.pdf.

[153] BELTRAME E, BONETTI C, BONETTI F J. Pre-selection of areas for shrimp culture in a subtropical Brazilian lagoon based on multicriteria hydrological evaluation [J]. Journal of Coastal Research, 2006, 39: 1838-1842.

[154] PRAKASH R K, LEE S, LEE Y, et al. Application of water quality indices and dissolved oxygen as indicators for river water classification and urban impact assessment [J]. Environmental

Monitoring and Assessment, 2007, 132: 93-110.

[155] NILUFAR I, REHAN S, MANUEL J R, et al. Reviewing source water protection strategies: a conceptual model for water quality assessment [J]. Environmental Reviews, 2011, 19: 68-105.

[156] SUBUNTITH N, SUNISA S, PONGSIRI M, et al. Effect of different shrimp pond bottom soil treatments on the change of physical characteristics and pathogenic bacteria in pond bottom soil [J]. Aquaculture, 2008, 285: 123-129.

[157] SOOKYING D, SILVA F S D, DAVIS D A, et al. Effects of stocking density on the performance of pacific white shrimp *Litopenaeus vannamei* cultured under pond and outdoor tank conditions using a high soybean meal diet [J]. Aquaculture, 2011, 319: 232-239.

[158] LIAO H, SUN W. Forecasting and evaluating water quality of chao lake based on an improved decision tree method [J]. Procedia Environmental Sciences, 2010, 2: 970-979.

[159] DEBELS P, FIGUEROA R, URRUTIA R, et al. Evaluation of water quality in the Chillán River (Central Chile) using physicochemical parameters and a modified water quality index [J]. Environmental Monitoring and Assessment, 2005, 110: 301-322.

[160] SINGH K P, MALIK A, SINHA S. Water quality assessment and apportionment of pollution sources of Gomti river (India) using multivariate statistical techniques: a case study [J]. Analytica Chimica Acta, 2005, 538: 355-374.

[161] GERTJAN D G, MARK P. Fitting growth with the von Bertalanffy growth function: a comparison of three approaches of multivariate analysis of fish growth in aquaculture experiments [J]. Aquaculture Research, 2005, 36: 100-109.

[162] LOPES J F, DIAS J M, CARDOSO A C, et al. The water quality of the Ria de Aveiro lagoon, Portugal: From the observations to the implementation of a numerical model [J]. Marine Environmental Research, 2005, 60 (5): 594-628.

[163] MELESSE A M, AHMAD S, MCCLAIN M E, et al. Suspended sediment load prediction of river systems: An artificial neural network approach [J]. Agricultural Water Management, 2011, 98 (5): 855-866.

[164] BOWDEN G J, DANDY G C, MAIER H R. Input determination for neural network models in Water Resources applications [J]. Part 1-background and methodology. Journal of Hydrology, 2005, 301: 75-92.

[165] CHANG T C, CHAO R J. Application of back-propagation networks in debris flow prediction [J]. Engineering Geology, 2006, 85 (3/4): 270-280.

[166] YUE X Y, GUO Y G, WANG J R, et al. Water pollution forecasting model of the back-propagation neural network based on one step secant algorithm [J].Communications in Computer and Information Science, 2011, 105 (7): 458-464.

[167] YESILNACAR M I, SAHINKAYA E, NAZ M, et al. Neural network prediction of nitrate in groundwater of Harran Plain, Turkey [J]. Environmental Geology, 2008, 56 (1): 19-25.

[168] ABRAHART R J, HEPPENSTALL A J, SEE L M. Timing error correction procedure applied to neural network rainfall-runoff modeling [J]. Hydrological Sciences Journal-Journal Des Sciences Hydrologiques, 2007, 52 (3): 414-431.

[169] VANDENBERGHE V, BAUWENS W, VANROLLEGHEM P A. Evaluation of uncertainty propagation into river water quality predictions to guide future monitoring campaigns [J]. Environmental Modelling & Software, 2007, 22 (5): 725-732.

[170] ZHAO Y, NAN J, CUI F Y, et al. Water quality forecast through application of BP neural network at Yuqiao reservoir [J]. Journal of Zhejiang University-Science A, 2007, 8 (9): 1482-1487.

[171] NEAL R S, COYLE S D, TIDWELL J H, et al. Evaluation of stocking density and light level on the growth and survival of Pacific white shrimp, *Litopenaeus vannamei*, reared in zero-exchange systems [J]. Journal of World Aquaculture Society, 2010, 41: 533-544.